传感器技术与应用

主 编 张 莉 夏 聘
副主编 邓 勇 马羊琴 牟 刚 包信宗

人民交通出版社股份有限公司
北 京

内 容 提 要

本书主要介绍了传感器的基础知识,各类常用的传感器,传感器输出信号处理技术,传感器综合应用等。从传感器使用者的角度出发,具体介绍了温度检测类传感器、速度检测类传感器、力、压力检测类传感器、光电式传感器、化学物质传感器。每种传感器分别介绍其工作原理、如何选择使用、传感器应用、传感器技术参数及故障检测等。本书每章配有相应习题,便于教学和读者自学。

本书适用于高职高专、成人高校的电气类、机电类、自动化类及其他相关专业的教学,也可供有关专业师生和从事设备检修的技术人员参考。

图书在版编目(CIP)数据

传感器技术与应用/张莉,夏聘主编. —北京:
人民交通出版社股份有限公司,2021.3
ISBN 978-7-114-17080-5

Ⅰ.①传… Ⅱ.①张…②夏… Ⅲ.①传感器—教材 Ⅳ.①TP212

中国版本图书馆 CIP 数据核字(2021)第 029694 号

Chuanganqi Jishu yu Yingyong

书　　名:	传感器技术与应用
著 作 者:	张　莉　夏　聘
责任编辑:	闫吉维　郭红蕊
责任校对:	孙国靖　扈　婕
责任印制:	刘高彤
出版发行:	人民交通出版社股份有限公司
地　　址:	(100011)北京市朝阳区安定门外外馆斜街 3 号
网　　址:	http://www.ccpcl.com.cn
销售电话:	(010)59757973
总 经 销:	人民交通出版社股份有限公司发行部
经　　销:	各地新华书店
印　　刷:	北京虎彩文化传播有限公司
开　　本:	787×1092　1/16
印　　张:	8.75
字　　数:	204 千
版　　次:	2021 年 3 月　第 1 版
印　　次:	2024 年 7 月　第 4 次印刷
书　　号:	ISBN 978-7-114-17080-5
定　　价:	35.00 元

(有印刷、装订质量问题的图书,由本公司负责调换)

前言

  传感器在现代生产、生活中的应用非常普遍，本书从使用者的角度出发，在内容编写方面按照"淡化理论、够用为度、培养技能、重在运用"的指导思想，将重点放在相关技术的运用和掌握上，旨在培养适应社会需求的应用型人才。编写过程中，作者结合多年教学经验及大量文献资料，精选相关内容，以突出实用性。

  全书共分为8章。第1章介绍了传感器的基本知识。第2~6章从使用者的角度将传感器分为温度检测类传感器，速度检测类传感器，力、压力检测类传感器，光电式传感器及化学物质传感器，并一一介绍了各种传感器的工作原理、如何选择使用、传感器应用、传感器技术参数及故障检测等内容。在传感器应用介绍部分，结合行业和院校特色，部分引入轨道、铁路、高铁、智能制造等相关实例。第7章介绍了传感器输出信号处理技术。第8章为传感器的综合应用，选编了4个基本实训项目，其实用性、操作性较强。

  本书作为"重庆市优质校一流专业（群）建设项目"的成果之一，以培养综合应用型人才为目标。本教材每章小结以思维导图形式展现，一目了然，重点突出，更有利于读者学习。本书借鉴新形态一体化教材，实现教材与数字资源结合，进一步丰富教材内容。每章配有相应习题，便于教学和读者自学。

  本书适用于高职高专、成人高校的电气类、机电类、自动化类及其他相关专业的教学，也可供有关专业师生和从事设备检修的技术人员参考。

  本书由重庆公共运输职业学院、重庆交通职业学院授课老师和重庆轨道集团相关人员合作编著。全书由重庆公共运输职业学院张莉、重庆交通职业学院夏聘担任主编并负责统稿，其中张莉编写第1、2、3、6章，邓勇编写第4、7章，马羊琴编写第5、8章。重庆公共运输职业学院牟刚、包信宗、廖化容、杨靓雨老师，重庆轨道集团项目一公司夏凡工程师及陆军工程大学通信士官学校李秀玲老师也参与了教材相关工作。此书在编写过程中还得到了重庆公共运输职业学院徐晓灵、蔡娟、刘阳、邓雄、张芳莉、周勇、罗苹、卢文等老师的支持与帮助，在此一并表示感谢。

  限于时间仓促，书中难免存在疏漏和不足之处，敬请广大读者批评指正。

作 者
2020年10月

目录 CONTENTS

第1章 传感器的基本知识 ·········· 1
  1.1 传感器的定义及作用 ·········· 1
  1.2 传感器的组成及分类 ·········· 2
  1.3 传感器的应用及发展 ·········· 4
  1.4 传感器的基本特性 ·········· 5
  1.5 传感器的选用 ·········· 8
  本章小结 ·········· 9
  习题 ·········· 10

第2章 温度传感器 ·········· 11
  2.1 温标及温度测量 ·········· 11
  2.2 热电偶温度传感器 ·········· 13
  2.3 电阻式温度传感器 ·········· 21
  2.4 温度传感器故障检测 ·········· 27
  本章小结 ·········· 27
  习题 ·········· 27

第3章 速度传感器 ·········· 29
  3.1 接触式速度传感器 ·········· 29
  3.2 非接触式速度传感器 ·········· 31
  本章小结 ·········· 42
  习题 ·········· 42

第4章 力、压力传感器 ·········· 43
  4.1 弹性敏感元件 ·········· 43
  4.2 电阻应变式传感器 ·········· 44
  4.3 压电式压力传感器 ·········· 51
  4.4 电容式压力传感器 ·········· 56
  4.5 电感式压力传感器 ·········· 65
  4.6 力、压力传感器技术参数及故障检测 ·········· 73
  本章小结 ·········· 74
  习题 ·········· 74

第5章 光电式传感器 ... 75
5.1 光电效应及光电器件 ... 75
5.2 光纤传感器 ... 86
5.3 红外传感器 ... 93
5.4 光电式传感器故障检测 ... 98
本章小结 ... 100
习题 ... 100

第6章 化学物质传感器 ... 101
6.1 气敏传感器(gas sensor) ... 101
6.2 湿度传感器 ... 106
本章小结 ... 111
习题 ... 111

第7章 传感器输出信号处理技术 ... 112
7.1 传感器输出信号特点 ... 112
7.2 信号补偿电路 ... 113
7.3 输出信号的干扰及控制技术 ... 115
本章小结 ... 119
习题 ... 119

第8章 传感器的综合应用——小制作 ... 120
8.1 电阻应变式力传感器制作的数显电子秤 ... 120
8.2 差压式液位传感器用于液位检测 ... 124
8.3 光控延时照明灯 ... 126
8.4 热释电红外探头报警器 ... 129
本章小结 ... 131

附录A 常用传感器中英文对照表 ... 132

附录B 部分常用传感器的性能及选择 ... 133

参考文献 ... 134

第1章 传感器的基本知识

> 学习目的
>
> ◆ 掌握传感器的定义、作用及组成；
> ◆ 了解传感器的分类方法；
> ◆ 了解传感器的选用原则及使用方法。

我们之所以能看到美好的事物，听到悦耳的声音，闻到花儿的芳香，触摸到柔软的沙滩，感知食物的美味等，都源于我们的眼、耳、鼻、肤、舌（简称五官）的感知，使我们具备了视觉、听觉、嗅觉、触觉、味觉。但是实际生活中，有时我们的"五官"也会有力不从心的时候，比如感冒引起鼻塞，鼻子不好使了。

1.1 传感器的定义及作用

1.1.1 传感器的定义

人类文明的发展，时代的进步，科学技术的日新月异，使我们不再满足于能感知到冷热、快慢，更在乎具体有多热有多冷，具体是多少摄氏度，以及具体有多快有多慢，速度或加速度是多少。这都需要传感器来探测和感知，以数据（传感器输出信号值）为依据才更精准，更容易调控，更容易做出正确的决策。这便是物联网、数据时代的魅力，也是传感器重要性的体现。与人的五官对应的传感器见表1-1。

与五官对应的传感器　　　　　表1-1

人的感觉	视觉	听觉	嗅觉	触觉	味觉
传感器	光敏传感器	声敏传感器	气敏传感器	压敏、温敏、流体传感器	化学传感器
效应（现象）	物理效应	物理效应	化学/生物效应	物理效应	化学/生物效应

如今形形色色的传感器早已渗透进生活的方方面面，每秒采集到的海量数据构成了智能物联的基础。作为所有智能设备的感官，传感器可对物理层面进行信息采集。比如智能手机上已成为标配的横竖屏转换功能，便是利用重力传感器实现。以我国自主研发的高铁列车代表作和谐号380AL为例，一辆列车的车载传感器系统里，传感器数量就多达1000多个，平均每40个零部件里就有一个是传感器。它们承担着状态监视、故障报警、车载设备控制等功能。而汽车仪表盘之所以能显示速度、油量等参数，也是各类看不见的传感器在起作用。那么传感器到底是什么呢？

传感器是一种检测装置、元器件或生物器官，能感受到被测量的信息，并能将感受到的信息,按一定规律变换成为电信号或其他所需形式的信息输出,以满足信息的传输、处理、存储、显示、记录和控制等要求。即传感器是一种能感受被测量并按一定规律将其转换成可用信号输出的装置或元器件。

1.1.2 传感器的作用

表征物质特性、运动形式的参数有很多,根据物质的电特性,可分为电量和非电量两类。电量一般是指物理学中的电学量,如电压、电流、电阻、电容、电感等;而非电量一般指除电量以外的参数,如温度、压力、位移、尺寸等。人类为了进一步认识这些物质,了解其特性,需要对物质特性进行测量,其中大多数是对非电量的测量。

非电量的测量往往不能直接使用一般的电工仪表或电子仪器获得,因为这些仪器仪表要求输入的信号为电信号。因此非电量的测量一般需要转化成与其有一定关系的电量再测量,实现这种转换技术的器件/装置就是传感器。

传感器(Sensor)是从一个系统接受功率,再以另一种形式将功率传送给第二个系统的元器件,就像温度传感器将被测介质或对象温度(非电物理量)以具体电压或电流值(电量)的形式传递给其他装置,也就是将热能转换为对等的电压或电流(能量)传输。所以传感器是一种能量(形式)转换装置。

传感器是检测系统与被测对象直接发生联系的器件或装置,作为检测系统的信号源,其性能的好坏将直接影响检测系统的精度和其他指标,是检测系统中十分重要的环节。

传感器技术早已渗透到工业生产、宇宙探索、环境保护、医学诊断等各领域,传感器技术的发展对于经济、社会发展都有着十分重要的作用。世界各国也非常重视这一领域,几乎每一个现代化的项目都离不开各种各样的传感器。相信在不久的将来,传感器技术将会有质的飞跃,达到与其地位相称的新水平。

1.2 传感器的组成及分类

1.2.1 传感器的组成

传感器一般由敏感元件、传感元件、转换电路及辅助电源组成,如图1-1所示。

图1-1 传感器组成框图

其中,敏感元件是指传感器中能直接感受或响应被测量的部分。传感元件是指传感器中能将敏感元件感受或响应的被测量转换成适合传输或测量的电信号部分。转换电路是把传感元件输出的电信号变换为便于处理、显示、记录、控制或传输的可用电信号,具体电路类型需根据传感元件而定,经常采用的转换电路有电桥电路、放大电路等。辅助电源提供转换能量,但不是所有传感器都需要,如压电传感器、部分磁电式传感器就不需要外加电源,但应变片组成的电桥、霍尔传感器等就需要。

如图1-2所示为电阻应变式力传感器制成的电子秤,利用力学传感器(导体应变片)将非电量(物体的重量)转换为电信号再通过显示屏显示。在这过程中,应变片即敏感元件,物体重量的大小导致其形变(阻值变化),从而导致其转换电路相应电信号值的变化,最后在显示屏上显示物体重量数值。在电子秤的应用中,我们发现并没有提到传感元件,并不是所有传感器都包括敏感元件和传感元件。如果敏感元件直接输出的就是电量,它就同时兼为传感元件;如果传感元件能直接感受被测量而输出与之成一定关系的电量,它就同时兼为敏感元件。敏感元件与传感元件两者合二为一的传感器有很多,比如热电偶、热敏电阻、光敏器件等。

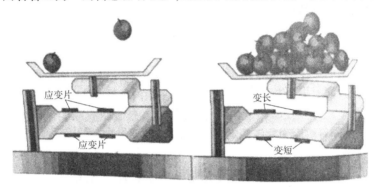

图1-2 电阻应变式传感器制成的电子秤

1.2.2 传感器的分类

传感器的种类非常多。根据某一原理设计的传感器,在实际应用中,可同时测量多种非电物理量,有时一种非电物理量又可以用多种传感器来测量。传感器有许多种分类方法,常用的是按被测物理量来分和按传感器工作原理来分。下面主要介绍这两种分类方法。

1)按被测物理量分类

这种分类方法是基于被测量性质进行分类,它把种类繁多的被测量(参数)分为基本被测量和派生被测量。如速度可视为基本被测量,与之有关的振动、流量、转速等被测量可视为派生被测量。当需要测量这些被测量时,只需要采用速度传感器就可以了。常见的非电基本被测量及对应的派生被测量如表1-2所示。

非电基本被测量及派生被测量　　　　表1-2

基本被测量		派生被测量
温度		热容、涡流
速度	线速度	速度、振动、流量
	角速度	转速、角振动
力	压力	重力、力矩、应力
位移	线位移	长度、应变、振动、磨损
	角位移	旋转角、偏转角、角振动
光		光通量与密度、光谱分布
湿度		水气、水分

传感器按这种方法分类比较明确地表达了传感器的用途，便于使用者使用，但不便于使用者掌握其基本原理及分析方法。

2）按传感器工作原理分类

这种分类方法是基于传感器的工作原理，主要是利用一些物理、化学、生物等学科的原理、规律及效应(现象)作为分类依据。根据这种分类方法，可将传感器分为以下几类：

(1) 电学式传感器

该类传感器应用广泛，具体包含电阻式传感器、电容式传感器、电感式传感器等。

电阻式传感器是将被测量，如位移、形变、力、加速度、湿度、温度等这些物理量转换成电阻信号。电阻式传感器具体有电位器式、电阻应变片式、压阻式等，主要用于位移、压力、力、应变、液位等参数测量。

电容式传感器是利用改变极板间间距或对应尺寸或介质，使得电容量变化，可用于压力、位移、厚度等参数测量。

电感式传感器是利用改变磁路几何尺寸、磁体位置来改变线圈的电感或互感量，可用于位移、力、振动、加速度等参数测量。

(2) 光电式传感器

光电式传感器是利用光电器件的光电效应或光学原理。常用的光电器件有光电管、光电倍增管、光敏电阻、光敏三极管、光电池等，主要用于光强、光通量、位移、浓度等参数测量。

(3) 电动势型传感器

电动势型传感器是利用热电效应、光电效应、霍尔效应等原理，主要用于温度、速度、热辐射等参数测量。

(4) 半导体型传感器

半导体型传感器是利用半导体材料的压阻效应、电磁效应及半导体物质与其他物质接触产生物质变化等原理，主要用于温度、湿度、磁场、有害气体等测量。

除了上述4类传感器外，还有其他的一些传感器，这里不再一一列举。

1.3 传感器的应用及发展

1.3.1 传感器的应用

在现代工业生产尤其是自动化生产过程中，要用各种传感器来监视和控制生产过程中的各个参数，使设备工作在正常状态或最佳状态，并使产品达到最好的质量。传感器作为自动化智能设备的关键部件，广泛应用于社会发展及人类生活的各个领域，尤其在机械设备制造、科学仪器仪表、医疗卫生、通信电子等领域，传感器更是得到了普遍运用。当下，传感器正向微型化、多功能化、数字化、智能化、系统化和网络化方向发展，市场应用呈爆发式增长态势。毫无疑问，智能传感器将成为工业互联网、物联网、工业大数据甚至人工智能发展的核心器件之一。

1.3.2 传感器的发展

近年来，国内传感器产业迅速发展，传感器的应用场景也增多。全球传感器研发制造商有6500多家,传感器种类有2万多种,我国目前拥有1万多种。在我国,传感器生产企业集中在长三角地区,并逐渐形成以北京、上海、深圳等中心城市为主的区域空间布局。以上海、无锡、南京为中心,逐渐形成了包括热敏、磁敏、图像、称重、光电、温度等完备的传感器生产体系和产业配套,但在高端制造领域传感器的国产化率还很低。国内的传感器产业在创新能力、技术突破、产业结构方面还需加强。在传感器的精度、敏感度、稳定性等方面与国外有相当大的差距。

随着科技的进步,传感器技术也大体经历了三个时代:

第一代是结构型传感器,利用机构参量变化来感受、转化信号。如电阻应变式传感器就是利用金属材料受力作用发生形变使得该材料电阻值发生变化,从而转化为对应的电信号,实现了非电量力的测量。

第二代是固体传感器,利用材料的某些特性制成,主要由半导体、磁性材料等固体元件构成。如热电偶传感器、霍尔传感器等。20世纪70年代后期,随着集成技术、微电子技术、计算机技术的发展,出现了集成传感器,主要包括传感器自身的集成化和传感器与后续电路的集成化。如电荷耦合器件(CCD)、集成温度传感器等,这类传感器具有成本低、可靠性高、接口灵活等特点。如今集成传感器发展迅速,已占传感器市场的2/3左右,它正向着低价格、多功能和系列化方向发展。

第三代是智能传感器,它对外界信息有一定检测、自诊断、数据处理及自适应能力,是微型计算机技术、检测技术结合的产物。该类传感器以微处理器为核心,将传感器信号调节电路、微计算机、存储器及接口集成到一块芯片上,使传感器具有一定的人工智能。之后传感器技术又有了进一步提高,传感器具有记忆功能、多参量测量功能以及联网通信等功能。

如今,传感器与MEMS(微机电系统)结合已成为传感器领域关注的新趋势。除了与微机电系统结合,传感器还与仿生信息学结合,并产生了诸多新的应用。传感器产业已被国内外公认为是具有发展前途的高技术产业,它以技术含量高、经济效益好、渗透力强、市场前景广等特点为世人所瞩目。我们国家工业现代化进程和电子信息产业的高速增长,带动传感器市场快速上升。随着CAD技术、MEMS技术、信息理论及数据分析算法的发展,未来传感器系统将向着微型化、综合化、多功能化、智能化和网络化的方向发展。作为现代科学的"耳目",作为人们获取、分析、利用有效信息的基础,传感器技术的发展意义重大。

1.4 传感器的基本特性

在检测控制系统和科学实验中,对各种参数的有效检测和控制,就要求传感器能迅速感受被测非电量的变化并不失真地将其转换为相应的电量,这主要取决于传感器的基本特性,即输入-输出特性,传感器输入-输出框图如图1-3所示。传感器的基本特性一般分为静态特性和动态特性。

图1-3 传感器输入-输出框图

1.4.1 静态特性

传感器的静态特性是指被测量为常量,不随时间变化(或随时间变化缓慢)时,输入 $x(t)$ 与输出 $y(t)$ 之间的关系。简单来说,就是指检测系统的输入为不随时间变化的恒定信号时,系统的输出与输入之间的关系。

传感器的静态特性指标主要有线性度、灵敏度、分辨力、迟滞、重复性、稳定性、漂移、测量范围和量程等。

1) 线性度

传感器的线性度是指其输入量与输出量之间的关系曲线偏离理论拟合直线的程度,又称为非线性误差,实际应用中非线性误差越小越好。如图1-4所示。

该传感器线性度 γ_L 为:

$$\gamma_L = \pm \frac{\Delta_{max}}{y_{FS}} \tag{1-1}$$

式中: Δ_{max}——指曲线1与曲线2的最大偏差;

y_{FS}——满量程输出,即 $y_{FS} = y_{max} - y_o$。

2) 灵敏度

传感器的灵敏度是指在稳态条件下,输出增量与输入增量的比值,如图1-5所示。

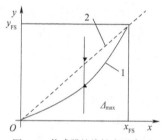

图1-4 传感器的线性度示意图
1-传感器实际输入-输出曲线;2-传感器理想曲线

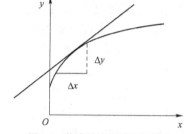

图1-5 传感器的灵敏度示意图

该传感器灵敏度 K 为:

$$K = \frac{\Delta y}{\Delta x} \tag{1-2}$$

K 值越大,表示传感器越灵敏,但灵敏度太高,检测系统的稳定性将降低。

3) 分辨力

传感器的分辨力是指传感器能检测出被测信号的最小变化量。当被测量的变化小于分辨力时,传感器对输入量的变化无任何反应。对于数字仪表,如果没有其他附加说明,可以认为该表的最后一位所表示的数值就是它的分辨力,如图1-6所示,其分辨力为0.1A。

将分辨力除以仪表的满量程就是仪表的分辨率,图1-6仪表中的分辨率约为0.1%。

图1-6 某仪表

4) 迟滞

传感器的迟滞是指传感器在正向行程(输入量增大)和反向行程(输入

量减小)过程中,输入-输出曲线不一致的程度,即同一传感器对于同一大小的输入信号,在正、反向行程中输出值却不一样,如图1-7所示。

造成迟滞现象主要是因为传感器敏感材料的弹性滞后,运动部件摩擦或紧固件松动等。迟滞现象带来的误差即迟滞误差 γ_H 为:

$$\gamma_H = \frac{\Delta_{Hmax}}{y_{max} - y_{min}} \times 100\% \tag{1-3}$$

式中: Δ_{Hmax} ——最大迟滞偏差;

$y_{max} - y_{min}$ ——量程范围。

5)重复性

重复性是指传感器在输入量按同一方向做全量程多次测试时输入-输出特性曲线不一致的程度。若多次测试的特性曲线越重合,则重复性越好。如图1-8所示。

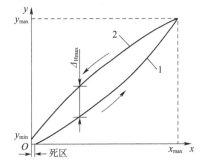

图1-7 传感器的迟滞
1-正向行程;2-反向行程

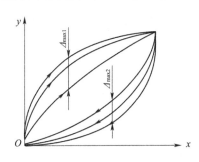

图1-8 传感器的重复性示意图

6)稳定性

稳定性是指传感器在所有条件都恒定不变的情况下,在规定的时间内能维持其示值不变的能力。在室温条件下,经过一定时间,传感器的输出与起初标定时的输出之间的差异即稳定性误差。例如,某仪表输出电压值在24h内的最大变化量为1.2mV,则表示该仪表的稳定性为1.2mV/(24h)。

漂移是指因外界环境变化而引起传感器的输出值变化。一般所说的漂移是指零点漂移和温度漂移。零点漂移是指已调零的传感器(仪表)受到外界环境影响,其输出不再等于零,产生了一定的漂移。温度漂移是指传感器受外界温度变化影响,其输出值发生了变化。

7)测量范围及量程

测量范围是指传感器所能测量的最大被测量 x_{max} 与最小被测量 x_{min} 之间的范围。而代数差 $x_{max} - x_{min}$ 为传感器的量程。如某传感器测量范围为 $0 \sim 100N$,则其量程为100N。

1.4.2 动态特性

动态特性是指传感器对随时间变化的输入信号的响应特性,通常要求传感器不仅能精确地显示被测量的大小,而且还能复现被测量随时间变化的规律。在研究传感器动态特性时,通常是根据不同输入信号(阶跃信号、正弦信号等)的变化规律来考察传感器响应的,它对标准输入信号的响应与它对任意输入信号的响应之间存在一定的关系，往往知道了前者就能推定后者。

传感器的输入信号是随时间变化的动态信号，这时就要求传感器能时刻精确地跟踪输入信号，按照输入信号的变化规律输出信号。当传感器输入信号的变化缓慢时，是容易跟踪的，但随着输入信号的变化加快，传感器随动跟踪性能会逐渐下降。若传感器能迅速准确地响应和再现被测信号的变化，即认为该传感器具有良好的动态特性。大部分传感器的动态特性可近似地用一阶或二阶系统描述，其动态特性分析方法可参见"自动控制原理"等相关课程内容。

1.5 传感器的选用

1.5.1 传感器的选用原则及指标

在检测过程中，同一检测任务（参数）可用多种传感器完成，但因测量成本、技术条件及传感器自身性能的不同，从而需要结合测量目的、测量对象、测量环境等因素，合理地选用传感器。当传感器选定后，与之配套的测量方法、测量设备才随之确定，并且测量结果的好坏，很大程度上取决于选用的传感器是否合理。

首先需要结合被测量的特点及传感器使用条件查看传感器的量程大小，被测位置对传感器的体积有没有什么要求；其次是测量方式的选择，选接触式测量还是非接触式测量；以及传感器是进口还是国产，其价格如何等。

在考虑了以上因素后，基本能确定选用哪种类型传感器，接着再考虑传感器的相关性能指标，具体如下：

1）灵敏度的选择

一般来说，传感器的灵敏度越高越好。灵敏度越高说明传感器能检测到的变化量越小，但也表示该传感器更容易受到噪声等干扰信号的影响。这些干扰信号和有用信号夹杂在一起输出，因此对于灵敏度高的传感器需有较高的信噪比，尽量减少从外界引入的干扰信号。

此外，传感器的灵敏度是有方向性的，当被测量是单向量，且对其方向性要求较高，则应选择其他方向灵敏度小的传感器；如果被测量是多维向量，则要求传感器的交叉灵敏度越小越好。总之选择传感器时，不能一味追求其灵敏度，需综合考虑。

2）传感器的频率响应特性

传感器的频率响应特性决定了被测量的频率范围及响应时间。频率范围是指传感器能够通过多宽的频带，响应时间是指传感器能迅速反映输入信号变化的一个指标。对于使用者而言，传感器能通过的信号频带越宽越好，响应时间越短越好。

对于结构型传感器，受到结构特性的影响，机械系统的惯性较大，其固有频率低，可测信号的频率低，如电感传感器、电容传感器等。而利用光电效应等原理制成的传感器，其频率响应高，可测的信号频率范围就宽。因此，在动态测量中，应根据被测信号的特点和传感器的响应特性选取合适的传感器，以免产生较大误差。

3）传感器的线性范围

任何传感器都有一定的线性范围，在线性范围内，传感器的输出与输入成正比，且灵敏度保持不变。传感器的线性范围越宽，则其量程越大，且能保证一定的测量精度。但任何传感器不能保证绝对的线性，当测量精度要求不高时，在一定范围内，可将非线性误差较小的传感器近似看作线性的，这会给测量工作带来便利。

4）传感器的精度

传感器的精度是指传感器的输出与被测量真值的一致程度。精度越高的传感器，其输出结果越接近真值，即误差越小，但传感器的精度越高，其价格越高。因此，传感器的精度只要满足整个测量系统的精度要求就可以，不必选得过高。这样就可以在满足同一测量目的的诸多传感器中选择比较便宜和简单的传感器。

5）传感器的稳定性

作为长期使用的元器件，传感器的稳定性显得特别重要。传感器的稳定性即在使用了一段时间后，其性能保持不变的能力。

造成传感器性能不稳定的主要原因有自身结构、使用时间的长短及使用环境。在超过使用期后，在使用前应重新进行标定，以确定传感器的性能是否发生变化。在选用传感器之前，应对其使用环境进行调查，选择合适的传感器或采取适当的措施，减少环境的影响。

对于一些特殊的使用场合，可能无法选到合适的传感器，需要设计制造满足使用要求的传感器。

1.5.2 传感器的使用方法

传感器的常见使用方法如下：

(1)认真阅读使用说明书。

(2)正确选择安装点及正确安装传感器。

(3)传感器与配套的仪表需可靠连接，远离强腐蚀物体及易燃易爆的物品，接地的部分需良好接地，远离强电、磁场。

(4)系统的输入、输出端及插头、插座等地方应保持清洁、干燥。

(5)精度较高的传感器需定期校准，一般3~6周校准一次。

(6)传感器不使用时不应存放在强酸、强碱或有腐蚀性气体的房间，其湿度和温度不宜过高。

本章小结

习题

1. 单项选择题

(1) 在工程中,"换能器""检测器""探头"等名词与_____同义。

　　A. 显示器　　　　B. 执行机构　　　　C. 传感器　　　　D. 信号调理装置

(2) 某压力表的测量范围为 0~99.9Pa,当被测量小于_____Pa 时,仪表输出不变。

　　A. 9　　　　B. 0.9　　　　C. 0.1　　　　D. 1.0

2. 传感器通常由_____、_____、_____及_____组成。

3. 结合本章小结内容,补充传感器的定义、作用、组成等内容。

4. 试画出传感器的组成框图,说明各环节的作用。

5. 某线性位移测量仪,当被测位移由 4.5mm 变到 5.0mm 时,位移测量仪的输出电压由 3.5V 减至 2.5V,求该仪器的灵敏度。

6. 试列举日常生活中非电量电测的例子,需符合以下条件:

(1) 静态测量;

(2) 动态测量;

(3) 直接测量;

(4) 间接测量;

(5) 接触式测量;

(6) 非接触式测量。

请各列举一个例子。

第 2 章　温度传感器

> 学习目的
>
> ◆ 熟悉常用的温度传感器工作原理,如热电偶、热电阻、热敏电阻温度传感器;
> ◆ 了解温度传感器安装和使用注意事项;
> ◆ 了解温度传感器的相关应用。

温度(temperature)是表示物体冷热程度的物理量,从分子运动论观点看,温度是物体分子运动平均动能的标志。在我们的日常生活中,可以凭感觉感知水的冷热、气温的高低,但这都是不准确的。尤其在航空航天、国防等领域,对温度检测精度要求更高,需要精确测量给出具体温度值才便于控制和调节。自然界中一切变化过程都和温度密切相关,环境不同,测量要求不同,就需要不同种类的传感器。

温度传感器(temperature transducer)是能感受温度并转换成可用输出信号的元器件,就像人的神经元,可以感知温度。至于测量温度高低与否,又需要一定的衡量标准,该衡量标准即用来度量物体温度数值的标尺,我们称之为温标。

2.1　温标及温度测量

2.1.1　温标

温标,是一种约定俗成的规定或一种单位制,就像测量物体长度的标尺,规定了温度的读数起点(零点)和测量温度的单位,目前用得比较多的有热力学温标、华氏温标、摄氏温标。

1) 热力学温标

又称开尔文温标、绝对温标,简称开氏温标、凯氏温标,单位为开尔文,简称开(K),符号为 T,是为了纪念英国物理学家 Lord Kelvin 而命名的。一般所说的绝对零度指的便是 0K,对应 -273.15℃。

2) 华氏温标

符号为 F,单位为℉,其定义是在标准大气压下,冰的熔点为 32℉,水的沸点为 212℉,中间有 180 等份,每等份为华氏 1 度,由德国科学家华伦海特提出。在美国,华氏温度普遍使用于日常生活,如天气预报、厨房烤箱、冰箱等。

3) 摄氏温标

符号为 C,单位为℃,其规定是在标准大气压下,纯水的结冰点(即固态共存的温度)为 0℃,沸点为 100℃,中间划分为 100 等份,每等份为 1℃,由瑞典天文学家安德斯·摄尔修斯提出。

三种温标可相互转换,如表 2-1 所示。

三种温标的关系	表2-1
摄氏温标	t
开氏温标	T = t + 273.15
华氏温标	$F = t \cdot \dfrac{9}{5} + 32$

2.1.2 温度的测量

温度只能通过物体随温度变化的某些特性来间接测量,而温度传感器就是通过测量某些物质受温度影响的物理量参数,从而间接测量温度。温度传感器一般由敏感元件(感温元件)、转换电路等组成,其工作过程示意图如图2-1所示。

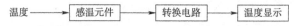

图2-1 温度传感器工作过程示意图

按照温度传感器的感温元件是否与被测对象(介质)接触,温度的测量方法有接触式测温和非接触式测温。

1)接触式测温

传感器直接与被测对象接触,以热传递(热交换)的形式,最终达到热平衡,使传感器感温元件的某一物理参数值发生变化,该值的变化大小与被测对象温度值成一定关系,通过转换电路的处理,实现电信号(对应温度值)的输出。这种方法直观可靠,却也存在传感器与被测对象接触不良,感温元件影响被测对象温度场分布,被测对象温度太高或腐蚀性介质对传感器不利等情况。

常用的接触式测温传感器有热电偶、热敏电阻、金属热电阻等,又称它们为温度计。因其分类不一样,测量条件不一样,同类温度传感器也有着不一样的外形。如图2-2所示列举了每类传感器的其中一种。

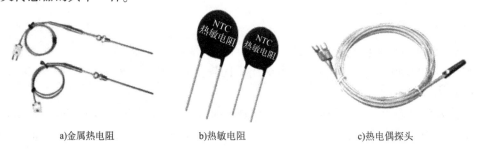

a)金属热电阻　　　b)热敏电阻　　　c)热电偶探头

图2-2 接触式测温传感器

接触式温度传感器广泛应用于工业、农业、商业等领域。随着低温技术在国防工程、空间技术、冶金、电子、食品、医药和石油化工等部门的广泛应用和超导技术的研究,测量120K以下温度的低温温度计得到了发展,如低温气体温度计、蒸汽压温度计等。

2)非接触式测温

感温元件不与被测对象直接接触,而是通过辐射进行热交换,从而实现温度测量方法。该方法可避免接触式测温不利的情况,对最高可测温度原则上没有限制。对于1800℃以上的高温,主要采用非接触测温方法。

随着红外技术的发展,辐射测温已经由可见光向红外线扩展,700℃以下直到常温温度都已采用红外技术装置测温,且分辨率很高。同时,非接触式测温热惯性小,便于测量运动物体的温度和快速变化的温度。但受被测对象发射率、被测对象到仪表之间的距离以及烟尘、水汽等介质的影响,测温误差较大。

常用的非接触式传感器有辐射高温计、光学高温计、热红外辐射温度传感器等,又称它们为非接触式测温仪表。其外形如图2-3所示。

a)辐射高温计　　　　　　b)光学高温计　　　　　c)热红外辐射温度传感器

图2-3　非接触式测温传感器

最常用的非接触式测温仪表是基于黑体辐射的基本定律,称为辐射测温仪表。在自动化生产中往往需要利用辐射测温来测量或控制某些物体的表面温度,如冶金中的钢带轧制温度、轧辊温度、锻件温度和各种熔融金属在冶炼炉或坩埚中的温度。

2.2　热电偶温度传感器

2.2.1　概述

热电偶温度传感器是工业领域使用最普遍的接触式测温元件(装置)。广泛用于各种工业、汽车和消费类设备。热电偶温度传感器自己给自己供电,无需激励。与其他常见测温传感器相比,其测温范围大($-200 \sim 1300$℃,特殊情况下$-270 \sim 2800$℃),具有结构简单、使用方便、性能稳定、机械强度高、耐压性能好及检测信号可远距离传输等特点。它是通过与被测对象(介质)直接接触(热交换)感受被测对象温度,并把温度(℃)信号转换成对应热电动势(V)信号,再通过二次仪表(不平衡电桥等)转换成被测对象的温度(即传感器输出)。常用的热电偶温度传感器如图2-4所示。

图2-4　热电偶温度传感器

2.2.2 工作原理

1821年,德国物理学家赛贝克(Seebeck)用两种不同金属A和B组成闭合回路(即回路有两个结点),并用酒精灯加热其中一个结点,发现回路中的指南针发生偏转,当用两盏酒精灯给两个结点同时加热的时候,发现指针偏转角反而减小。指南针的偏转说明了回路中产生电动势并形成电流,而电流的大小和指针偏转角度、结点处受热情况有关。后来赛贝克发现并证明了两种不同材料的导体A和B组成的闭合回路,当两个结点温度不相同时,回路中将产生电动势,这样的现象称为热电效应。两种不同材料导体(A、B)组成的回路称为"热电偶"。回路因受热产生的电动势称为"热电势"。将两个结点中与被测对象直接接触的结点(端头)称为热电偶(传感器)的测量端、热端或工作端;另一结点称为热电偶(传感器)的参考端、自由端或冷端。冷端常常与显示仪表或配套仪表连接,显示仪表会指出热电偶所产生的热电势。可将热电偶看作一种能量转换器,将热能转换为电能,用所产生的热电势测量温度。

例如,我们用毫伏表代替指南针,对赛贝克的试验进行演示,如图2-5所示。

a)左结点加热　　　　b)两节点同时加热　　　　c)右结点加热

图2-5 热电效应演示试验

如图2-5所示,当用酒精灯给左结点加热,此时回路热电动势大于0;当只给右结点加热,此时回路热电动势小于0;当用酒精灯给两结点同时加热或不加热,此时回路热电动势趋于0。

当热电偶中的A、B导体确定(即已选定热电偶),则热电偶热电势的大小只与两结点温度差有关;当热电偶冷端的温度保持不变,则热电偶的热电势值只是工作端温度的单值函数。热电偶回路热电势如图2-6所示。

图2-6 热电偶回路热电势

其中左侧结点温度为T,为工作端;右侧结点温度为T_0,为参考端。若A材料自由电子浓度高于B材料(NA > NB)则回路中总的热电势可表示为:

$$e_{AB}(T, T_0) = e_{AB}(T) - e_{AB}(T_0) \tag{2-1}$$

若参考端温度恒定,$e_{AB}(T_0) = C$,C为常数,此时回路总的热电势$e_{AB}(T, T_0)$可表示为:

$$e_{AB}(T, T_0) = e_{AB}(T) - C = f(T) \tag{2-2}$$

在实际应用中,热电势与温度的关系可以通过查询热电偶分度表确定。分度表反映了热电偶参考端温度为0℃时,工作端测量温度值与回路热电势值之间的对应关系。

2.2.3 选型与安装使用

如何正确地选择和安装热电偶是合理使用热电偶的前提。合理选择、使用热电偶不但可以准确地得到测量的温度值,还可以节省热电偶材料的消耗。热电偶的选型,首先应根据被测温度的上限和使用环境来选择热电偶和保护套管,再根据被测对象的结构和安装特点来选择热电偶的规格尺寸。

1) 热电偶的分类

根据组成热电偶的材料、结构的不同,可将热电偶分成许多种类。热电偶按结构形式分类可分为热电偶测温导线、铠装热电偶、装配式热电偶。

(1) 热电偶测温导线

用外带绝缘的热电偶丝材焊接而成,是测温产品里结构最为简单的一种,响应速度极快。其外观如图 2-7 所示。

图 2-7 热电偶测温导线

由于其外包材料(聚四氟、金属丝等)和热电偶丝直径不一样,从而测温范围在 -200 ~ 400℃,测量精度也不一样。

(2) 铠装热电偶

铠装热电偶也称缆式热电偶,是由热电偶丝、高纯氧化镁和不锈钢保护管经多次复合一体拉制而成,具有能弯曲、耐高压、耐震动、热响应时间快和坚固耐用等许多优点,可以直接测量各种生产过程中 0 ~ 800℃范围内的液体、气体介质以及固体表面的温度。它主要有三种结构形式,具体如图 2-8 所示。

a) 接壳式　　b) 绝缘式　　c) 露端式

图 2-8 铠装热电偶结构形式

接壳式铠装热电偶是将热电极与金属套管焊在一起,反应时间介于露端式和绝缘式之间,适用于外界信号干扰较小的场合使用;绝缘式铠装热电偶是将测量端封闭在内部,热电偶与套管之间相互绝缘,不易受外界信号干扰,是最常用的一种结构形式;露端式铠装热电偶是将测量端露在外面,测温响应时间最快,仅在干燥的非腐蚀介质中使用,不能在潮湿空气或液体中使用。

(3) 装配式热电偶

装配式热电偶主要由接线盒、保护管、绝缘套管、接线端子、热电极等组成,并配以各种安装固定装置,如图 2-9 所示。

装配式热电偶作为测量温度的变送器通常和显示仪表、记录仪表和电子调节器配套使用。它可以直接测量各种生产过程中 0 ~ 1800℃范围的液体、蒸汽和气体介质以及固体的表面温度。

按热电偶的组成材料来分,常见的有 S、B、E、K、R、J、T 七种标准化热电偶,其中工业型热电偶主要有以下几种,如表 2-2 所示。

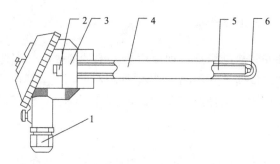

图 2-9 装配式热电偶
1-出线孔锁紧螺母;2-接线端子;3-接线瓷板;4-保护管;5-绝缘瓷管;6-热电偶

工业型热电偶　　　　　　　　　　　　　表 2-2

热电偶类型	分度号	特 点	缺 点	测温范围	应 用
铂铑 10—铂	S	物理、化学稳定性好,一般用于准确度要求较高的高温测量	材料较贵,热电势较小,需配用灵敏度高的显示仪表	0 ~ 1600℃	焦化厂、钢厂等高温使用的场合
镍铬—镍硅	K	热电势较大,线性度好,误差较小	其热电极不易做得很均匀,较易氧化,稳定性差,不能直接在高温下用于硫、还原性或还原、氧化交替的气氛中和真空中	-200 ~ 1300℃	气体、液体、表面温度测量
镍铬—康铜	E	热电势大,测量准确度较高	极易氧化,不能直接在高温下用于硫、还原性气氛中	-200 ~ 900℃	气体、液体、表面温度测量
铜—康铜	T	线性度好,热电动势较大,灵敏度较高,稳定性较好,价格便宜	不适于高温环境使用	-200 ~ 350℃	冷热冲击箱

2)选型标准

各种热电偶的外形常因需要而极不相同,但它们的基本结构却大致相同,通常由热电极、绝缘套保护管和接线盒等主要部分组成,通常和显示仪表、记录仪表及电子调节器配套使用。选择热电偶要根据使用温度范围、所需精度、使用气氛、测定对象的性能、响应时间和经济效益等综合考虑。

(1)根据测量的温度、精度和范围进行选择

如果使用温度在 1300 ~ 1800℃,要求测量精度又比较高时,一般选用 B 型热电偶;如果使用温度在 1000 ~ 1300℃要求测量精度又比较高时,可选用 S 型热电偶或 N 型热电偶;如果使用温度在 1000℃以下时,一般用 K 型热电偶或 N 型热电偶,低于 400℃一般用 E 型热电偶;如果使用温度在 250℃下以及负温时,一般用 T 型电偶,在低温环境下,T 型热电偶较稳定且测量精度高。

(2) 根据测量环境的气氛进行选择

测量环境的气氛不同,也会影响热电偶的选型,若遇强氧化和弱还原气氛环境,B型、S型、K型热电偶较适合使用;若遇弱氧化和还原气氛环境,J型、T型热电偶较适合使用。如果测量过程,对环境气氛要求不太严格,可使用气密性比较好的保护管对热电偶进行保护和隔绝。

(3) 根据热电偶耐久性和热响应时间进行选择

一般线径大的热电偶耐久性好,但响应较慢一些,对于热容量大的热电偶,响应就慢。如果既要求测量的响应时间快又要求有一定的耐久性,选择铠装热电偶则比较合适。

(4) 根据测量对象的性质和状态进行选择

运动物体、振动物体、高压容器的测温要求机械强度高,处于有化学污染的环境气氛中时,须保证热电偶的密封性,需有保护管。有电气干扰的情况下,要求热电偶绝缘性较高。

3) 安装使用

(1) 热电偶冷端温度处理方法

由热电效应的原理可知,热电偶产生的热电动势与两端温度有关。只有将冷端的温度恒定,热电动势才是热端温度的单值函数。又由于热电偶分度表是以冷端温度为0℃时为前提,因此在使用时要正确反映热端温度(被测温度),最好使冷端温度恒为0℃。但在实际应用中,冷端温度常常随着环境温度变化而变化,即T_0不能保持恒定,也不能保持恒为0℃,将严重影响测量的准确性。在应用热电偶时只有把冷端温度保持为0℃,或者进行必要的修正和处理才能得出较准确的测量结果。对热电偶冷端温度的处理方法主要有以下几种:

① 冰点槽法

将热电偶的冷端放入冰水混合物容器里,使$T_0=0℃$,不过该方法仅限于实验室测量使用。为了避免冰水导电引起连接点短路,需使之相互绝缘。将连接点分别置于两个玻璃试管里,再将两玻璃试管浸入同一冰点槽。如图2-10所示。

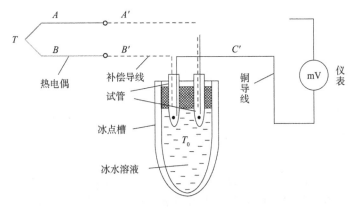

图2-10 冰点槽法

② 冷端恒温法

实际应用中,如果冷端温度不为0℃,但温度恒定,此时可考虑用冷端恒温法补偿。因为冷端温度恒定即冷端电动势$e_{AB}(T_0,0)$为常数,利用指示仪表上的机械调零装置将零位调到与冷端温度对应的刻度上,也相当于先给仪表输入一个电动势 $e_{AB}(T_0,0)$,实现了冷端温度恒定但不为零的测量补偿。

③补偿器法

补偿器法即电桥补偿法,利用不平衡电桥产生的不平衡电压,自动补偿热电偶因冷端温度变化引起的热电动势变化,如图 2-11 所示。

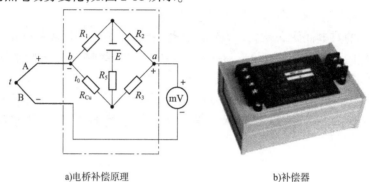

a)电桥补偿原理　　　　　　　　　b)补偿器

图 2-11　补偿器法

电桥补偿原理图中[图 2-11a)],R_1、R_2、R_3、R_{Cu} 组成一个电桥,与热电偶冷端处于同一温度环境,即虚线框所示。其中 R_1、R_2、R_3、R_5 电阻受温度影响很小,可忽略不计,R_{Cu} 电阻受温度影响较大,对温度变化敏感。当冷端(虚线框内)温度变化,将导致 R_{Cu} 阻值的变化,从而原本平衡($U_{ab}=0$)的电桥不再平衡(U_{ab}不等于0),如果适当选取电桥电阻,可使 U_{ab} 正好等于冷端温度不为零所对应的热电势值,从而仪表读出的热电势值不受冷端温度变化的影响,起到了自动补偿的效果。

实际应用中,除了冷端温度变化引起的误差外,不恰当的安装及不正确的使用同样会影响最终测量结果的精确度。

(2)安装

在生产中由于被测对象不同,环境条件不同,测量要求不同,需要考虑的问题比较多,若安装不正确,可能引起热导率和时间滞后等问题,从而带来测量误差,并且这些问题也是在使用中产生误差的主要原因。

从安装原则上来看,可以从测温的准确性、安全性及维修方便三方面来考虑。

为避免测温元件(热电偶)被损坏,应保证其有足够机械强度;为保护感温元件不受磨损,应加保护管或保护屏等;为确保测量的安全性、可靠性,测温元件的安装方法应结合实际情况(如待测介质的温度、压力,测温元件的长度及其安装位置、形式等)而定。

具体安装时需注意以下两点:

①为了使热电偶的测量端与被测介质之间有充分的热交换,应合理选择测点位置,尽量避免在阀门、弯头、管道和设备的死角附近装设热电偶。

②带有保护套管的热电偶有传热和散热损失,因此为了保证测温元件测量的准确性,减少测量误差,热电偶应插入足够的深度。

此外,要注意热电偶的正负极及补偿导线的正负,补偿导线与热电偶连接时,极性切勿接反,否则会增大测量误差。并且接在仪表和接线盒之间的补偿导线,其热电性质与所用热电偶相同或相近,与热电偶连接后不会产生大的附加热电势,不会影响热电偶回路的总热电势。在运行中,常见的有短路、断路、接触不良(有万用表可判断)和变质(根据表面颜色来鉴别)。检查时,要使热电偶与二次表(转换电路)分开。如果测量结果偏离实际值太多,除热电偶安装位置不当外,还有可能是热电偶偶丝被氧化、热电偶测量端焊点出现砂眼等可能。

(3) 正确使用

实际应用中热电偶的选型、安装固然重要,如何正确使用也不可忽视。正确使用热电偶不但可以准确得到温度值,保证产品合格,而且还能节省热电偶材料消耗,既节约资金又保证了产品质量。

① 安装不当引起误差

以炉膛温度测量而言,为了避免测量的温度值不能反映被测对象真实温度,热电偶插入的深度至少为保护管直径的 8~10 倍,并且热电偶不能安装在太靠近门的位置或加热的地方。另外,热电偶的安装应尽可能避开强磁场和强电场,所以不应把热电偶和动力电缆线装在同一根导管内,以免相互干扰造成测量误差;当用热电偶测量管内气体温度时,热电偶不能安装在被测介质很少流动的区域内,必须使热电偶逆着流速方向安装,以保证热电偶与气体充分接触。

② 绝缘性变差带来误差

以炉壁温度测量而言,如果保护管和拉线板污垢或盐渣过多,可导致热电偶极间与炉壁间绝缘不良,在高温下绝缘性将更差,这不仅会引起热电势的损耗,而且还会带来干扰,由此引起的误差有时可达上百度。

③ 热惰性引起误差

热惰性即在一定时间对某材料加一定量的热,材料表面的温度改变快慢的性质。用热电偶对被测对象温度进行快速测量时,热电偶的热惰性会使仪表指示值落后于被测对象的温度变化,即测量的滞后性,因此用热电偶检测出的温度波动的振幅较炉温波动的振幅小。为了准确测量温度,应选择响应时间快的热电偶,即选用热电极较细、保护管直径较小的热电偶。除此以外,尽量减小热锻尺寸。

④ 热阻引起误差

高温测量时,如果保护管上有一层煤灰或者尘土附在上面,灰增加其热阻,阻碍热的传导(交换),此时应保持热电偶保护管外部的清洁,从而较小误差。

总之,热电偶在安装使用时应注意:按照被测介质的特性及操作条件,选用合适材质、厚度及结构的保护套管和垫片。热电偶安装的地点、深度、方向和接线应符合测量技术的要求。热电偶与补偿导线接头处的环境温度最高不应超过100℃。使用于0℃以下的热电偶,应在其接线座下灌蜡密封,使其与外界隔绝。

2.2.4 应用

热电偶温度传感器因测量范围广,被各领域广泛应用。

1) 热电偶用于炉温调控

如图 2-12 所示,热电偶用于炉温的检测及调控,其中毫伏定值器给出设定温度对应的热电势大小,当热电偶检测的热电势值与定值器设定值有偏差时,系统将把该差值信号经放大器和调节器进行信号处理,再由晶闸管触发器推动执行器动作,从而调整电阻炉加热功率,消除偏差,最后达到控制温度的目的。

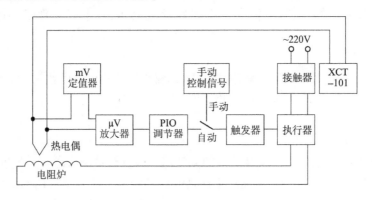

图 2-12 热电偶炉温调控系统

2) 热电偶在测温仪中的应用(接触式测温仪)

接触式测温仪即接触式温度计,其测温响应迅速,可用于固体表面温度及液体、气体、狭缝处温度测量,具有外形小巧、测量简单等特点,广泛应用于各种测温仪表中。

接触式测温仪可根据测量要求选择不同的探头(热电偶),如图 2-13 所示为 DM6801A 型测温仪,测温范围 -50~1300℃,取样率为每秒可测量 2.5 次,可选择分辨率,选择温度单位。

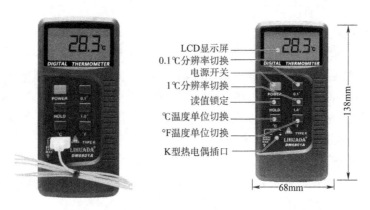

图 2-13 接触式测温仪

3) 热电偶温度变送器

温度变送器常采用热电偶、热电阻作为测温元件,从测温元件输出信号送到变送器模块,经过稳压滤波、运算放大、非线性校正、V/I 转换、恒流及反向保护等电路处理后,转换成与温度呈线性关系的 4~20mA 电流信号和 0~5V/0~10V 电压信号,温度变送器是可以将物理测量信号或普通电信号转换为标准电信号输出或能够以通信协议方式输出的设备,主要用于工业过程温度参数的测量和控制。温度变送器应用十分广泛,主要用于石油、冶金、食品等工业领域现场测温过程控制。如图 2-14 所示为热电偶温度变送器示意图。

第2章 温度传感器

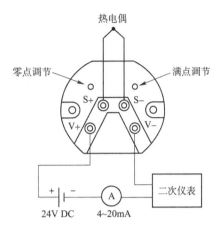

图2-14 热电偶温度变送器

热电偶温度变送器的种类很多,以K型温度变送器为例。其输出4~20mA电流信号,最高温度1600℃,具有耐高温、抗干扰等特点。

2.3 电阻式温度传感器

电阻式温度传感器是利用导体或半导体的电阻值随温度变化而变化的原理来测量温度,这样一种材料的电阻率随温度而变化的现象,称之为热电阻效应。电阻式温度传感器分为金属热电阻和半导体热敏电阻两大类,对应的温度传感器正是利用了敏感元件(感温元件)的特性。其测温范围-200~850℃,少数情况下低温可测至1K,高温可测至1000℃。

2.3.1 金属热电阻传感器

1) 概念及工作原理

金属热电阻传感器即热电阻传感器,是基于电阻热效应进行温度测量的一种传感器温度计。只要测量出感温热电阻的阻值变化,就可以测量出温度。

热电阻通常需要把电阻信号通过引线传递到计算机控制装置或者其他二次仪表上,将电阻值的变化转换为电压或电流信号输出,具有测量精度高、性能稳定等特点。热电阻大都由纯金属材料制成,目前应用最多的是铂和铜,其感温材料种类较多,最常用的是铂丝。工业测量用金属热电阻材料除铂丝外,还有铜、镍、铁等。铂电阻精度高,温度越高,电阻变化率越小,常用的有初始电阻值为10Ω、100Ω、1000Ω的铂电阻,它们的分度号分别为Pt10、Pt100、Pt1000;铜电阻在测温范围内电阻值和温度呈线性关系,适用于无腐蚀介质,常用的有初始电阻值为50Ω、100Ω的铜电阻,分度号为Cu50和Cu100。其中Pt100和Cu50的应用最为广泛。

热电阻传感器(图2-15)一般由热电阻、连接导线及显示仪表组成,热电阻也可以与温度变送器连接,将温度转换为标准电流信号输出。

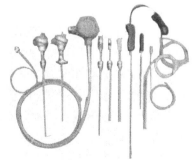

图2-15 热电阻传感器

2）选择与使用

（1）接线方式

热电阻是把温度变化转换为电阻值变化的一次元件，通常需要把电阻信号通过引线传输给二次仪表或计算机控制装置，实现信号的转换和处理。工业用热电阻在实际安装现场，与控制室存在一定距离，需要引线连接，而引线对测量结果影响较大。目前，热电阻引线主要有二线制（两线制）、三线制和四线制三种接线方式（图2-16）。

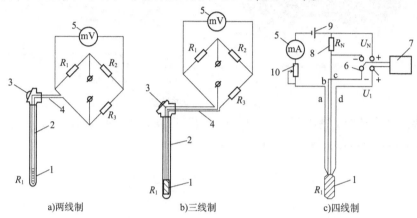

图2-16 热电阻引线接线方式

1-热电阻感温元件；2、4-引线；3-接线盒；5-显示仪表；6-转换开关；7-电位差计；8-标准电阻；9-电池；10-滑线电阻

二线制即在热电阻的两端各连接一根导线来引出电阻信号的方式，这种引线方法很简单，但由于引线自身存在内阻，且内阻的大小与导线材质和长度有关，因此该引线方式适用于测量精度要求不高的场合。

三线制即在热电阻的根部的一端连接一根引线，另一端连接两根引线的方式，该方式通常与电桥配套使用，热电阻作为电桥的一个桥臂电阻，其连接导线（引线）其内阻未知，且随环境温度变化，从而引起测量误差。因此，将热电阻的一根导线接到电桥的电源端，其余两根分别接到热电阻所在的桥臂及与其相邻的桥臂上，一定程度上消除了引线内阻的影响。该接线方式常常用于工业过程控制。

四线制即在热电阻的根部两端各连接两根导线，其中两根引线为热电阻提供恒定电流I，把热电阻阻值转换为对应的电压信号，再通过剩下的两根引线将电压信号传递给二次仪表。从而完全消除引线内阻的影响，该方式适用于测量精度要求高的场合。

（2）安装

热电阻的安装，要保证不影响设备运行及操作，利于测温准确、安全可靠及维修方便等。因此，在安装时需注意热电阻的安装位置和插入深度，具体需要注意以下两点：

①为了使热电阻与被测介质有充分的热交换，应选择合适的测量位置，避免在阀门、弯头、设备的死角附近安装热电阻。

②带有保护套管的热电阻有传热和散热损失，为了减少测量误差，安装时应保证有足够的插入深度。

此外，安装时热电阻应尽可能垂直管道安装，安装过程中应注意保护套管。测量管道内温度时，元件长度应在管道中心线上。高温区使用耐高温电缆或耐高温的补偿线。

(3)使用

热电阻温度计因其测量精度高,有较大温度测量范围(尤其低温测量),常常用于自动测量及远距离测量,现场使用的热电阻一般都是铠装热电阻,主要由热电阻体、绝缘材料、保护管组成,其中热电阻体和保护管焊接在一起,中间填充绝缘材料。

热电阻引线的接线及接线方式,会在一定程度上影响温度计的测量结果。一般工业上多采用三线制接线,实验室一般采用四线制。实际使用中还需注意以下几点:

①注意内部导线(引线)引起的误差:利用热电阻测量温度是基于热电阻自身电阻值,因而尽量避免引线内阻带来的影响,即使是三线制或四线制接线,也要让导线材质、直径、长度相同。

②注意热电阻插入深度引起的误差:无论是铠装热电阻还是装配式热电阻,安装时插入深度为外径的15~20倍的程度。

③注意热电阻自身加热引起的误差:使用热电阻测温时,有电流流过,此时产生的热能可能导致热电阻给自己加热,因此热电阻传感器需工作在规定电流条件下,以保证测量精度。并且工作过程中规定电流值的变化也可能引起误差。

④注意引线与显示仪表的连接位置:需对显示仪表正确连线,连线错误将导致测量结果错误。

2.3.2 半导体热敏电阻

1)概念及工作原理

半导体热敏电阻即热敏电阻,与金属热电阻有一定区别,热敏电阻的温度系数更大(灵敏度更高),体积小,使用方便,其电阻值可在 0.1~100kΩ 间任意选择,易加工成复杂的形状。它是开发早、种类多、发展较成熟的敏感元器件,由半导体陶瓷材料组成,利用温度引起电阻变化这一原理(热电阻效应)。

在实际应用中,根据使用的要求,可将热敏电阻封装加工成多种形状的探头。热敏电阻及其在电路中的符号如图 2-17 所示。

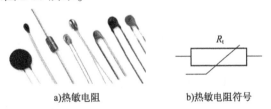

a)热敏电阻　　　　b)热敏电阻符号

图 2-17　热敏电阻及电路符号

热敏电阻包括正温度系数(PTC)、负温度系数(NTC)热敏电阻、临界温度热敏电阻(CTR)三种。PTC 在温度越高时电阻值越大,NTC 在温度越高时电阻值越低,CTR 在某一特定温度下电阻值会发生突变,它们都是半导体器件。

由于(半导体)热敏电阻有独特的性能,所以在应用方面,不仅可以作为测量元件测量温度、流量、液位温度,还可以作为控制元件(如热敏开关、限流器)和电路补偿元件,广泛用于家用电器、电力工业、通信、军事科学、宇航等各个领域。

热敏电阻是利用半导体材料的电阻阻值随温度显著变化的原理,它由某些金属氧化物按不同比例制成。一定温度范围内,通过测量热敏电阻阻值的变化便可间接知道被测对象的温度变化。

将热敏电阻安装在电路中使用时,热敏电阻在环境温度相同时,动作时间受电流影响,随着电流的增加其动作时间将急剧缩短。热敏电阻也受环境温度影响,在环境温度相对较高时,具有更短的动作时间和较小的维持电流及动作电流。当电路正常工作时,热敏电阻温度与室温相近、电阻很小,串联在电路中不会阻碍电流通过;而当电路因故障而出现过电流时,热敏电阻由于发热功率增加导致温度上升,当温度超过开关温度时,电阻瞬间会剧增,回路中的电流迅速减小到安全值。热敏电阻所处环境温度与所在回路的电流变化率之间存在如图2-18所示关系。

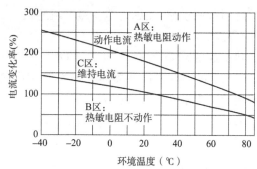

图2-18 热敏电阻环境温度与电流变化率之间的关系

如图2-18所示,一般情况下,热敏电阻长期处于不动作状态,当环境温度和电流处于C区时,热敏电阻发热功率和散热功率接近,热敏电阻可能动作,也可能不动作;在同样环境温度条件下,热敏电阻的动作时间随着所在回路电流的增大而缩短;在环境温度较高的条件下,其动作时间更短。因此某些热敏电阻串联在需要保护的电路里用于过流保护,即自恢复保险丝,如高分子PTC热敏电阻。

2)选择与使用

(1)分类

在概述及工作原理部分我们提到了按温度系数的不同,可将热敏电阻分为正温度系数热敏电阻(PTC)、负温度系数热敏电阻(NTC)及临界温度热敏电阻(CTR)。下面我们将进一步学习这三种热敏电阻。

PTC热敏电阻(图2-19)于1950年出现,随后1954年出现了以钛酸钡为主要材料的PTC热敏电阻。是指在某一温度下电阻急剧增加、具有正温度系数的热敏电阻现象或材料,可专门用作恒定温度传感器。该热敏电阻应用较广,工业上可测量温度,更好地实现对系统的控制;在民用方面,如用于控制瞬间开水器的水温、空调器与冷库的温度等。除了温度检测外,还可用于马达、变压器的加热和过热保护。也可作为"开关"使用,当电流流过,引起所在线路的发热体温度上升,当发热体温度超过居里点,则热敏电阻阻值增加,从而电流减小,发热体温度下降,热敏电阻阻值慢慢减小,之后发热体又慢慢累积能量,周而复始,使得温度维持在一定范围,比如暖风器、空调等应用。

NTC热敏电阻(图2-20)是源于1834年,科学家首次发现了硫化银有负温度系数的特性,1930年氧化亚铜-氧化铜的负温度系数的性能也被发现并成功用于航空仪器的温度补偿电路中。再随着晶体管技术的发展,于1960年研制出了NTC热敏电阻器,并广泛应用于温度测量、补偿等方面。

图 2-19 PTC 热敏电阻

图 2-20 NTC 热敏电阻

CTR热敏电阻具有负电阻突变特性,在某一温度下,电阻值随温度的增加激剧减小,具有很大的负温度系数,其构成材料由钒、钡、锶、磷等元素氧化物的混合烧结体,是半玻璃状的半导体。可用于控温报警系统。

(2)安装(使用)

安装热敏电阻温度传感器时,因其特性和安装位置的不一样,安装需要注意的事项也不一样。安装位置的选择,会影响传感器的响应时间、探头的密封性、安装的难度、探头外壳的材质等。这些因素也将影响传感器的性能和使用寿命。

热敏电阻温度传感器安装时,要注意机械强度,特别注意安装位置是否允许有水分,以免探头灌封口水分渗透损坏热敏电阻芯片。另外,为了避免保护管热损失对测温的影响,需考虑保护管的插入长度、外形、隔热、保温及被测对象流向等问题。

此外,传感器在安装时应尽可能避免安装在死角、强磁场或有热源等地方,减小外部因素的影响,并且最好垂直安装,避免高温引起的形变,也要注意传感器表面清洁及后期维护。

(3)检测

热敏电阻的好坏用万用表欧姆挡(视标称电阻值确定挡位,一般为 R×1 挡)对其进行检测即可,具体操作如下:

常温检测(室内温度接近25℃),用鳄鱼夹代替表笔分别夹住PTC热敏电阻的两引脚测出其实际阻值,并与标称阻值对比,二者相差在±2Ω内即正常。实际阻值若与标称阻值相差过大,则说明其性能不良或已损坏。

加温检测,在常温测试正常的基础上,可进行第二步加温检测,将一热源(例如电烙铁)靠近热敏电阻对其加热,观察万用表示指针,此时如果万用表示数随温度的升高而改变,则表明电阻值在逐渐改变(负温度系数热敏电阻器NTC阻值会变小,正温度系数热敏电阻器PTC阻值会变大),当阻值改变到一定数值时显示数据会逐渐稳定,说明热敏电阻正常,若阻值无变化,说明其性能变劣,不能继续使用。

测试时需注意以下几点:

①热敏电阻是生产厂家在环境温度为25℃时所测得,所以用万用表测量热敏电阻时,最好在环境温度接近25℃时进行,以保证测试的可信度。

②测量功率不得超过规定值,以免发生电流热效应,引起测量误差。

③测试时,不要用手捏住热敏电阻体,以防止人体温度对测试产生影响,引起测量误差。

④注意不要使热源与PTC热敏电阻靠得太近或直接与热敏电阻接触,以免烫坏元件。

2.3.3 应用

1）城轨感温火灾探测器

在城轨火灾自动报警系统（FAS）里,火灾探测器扮演了非常重要的角色。火灾探测器包括感温火灾探测器、感烟火灾探测器、感光火灾探测器、可燃气体探测器和复合火灾探测器五种基本类型。其中感温式火灾探测器对火灾发生时温度参数敏感,其关键部件是热敏元件,比如热电偶、热敏电阻、双金属片等。

感温式火灾探测器是利用火灾时物质的燃烧产生大量的热量,使周围温度发生变化,于是探测到其警戒范围中某一点或某一线路周围温度变化而响应。它是将温度的变化转换为电信号以达到报警目的的。使人们能够及时发现火灾,并及时采取有效措施,扑灭初期火灾,最大限度地减少因火灾造成的生命和财产的损失,是城市轨道交通同火灾做斗争的有力工具之一。感温探测器与FAS系统的关系如图2-21所示。

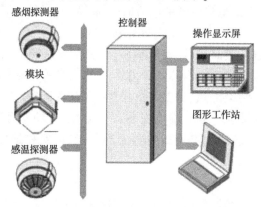

图2-21 感温探测器在FAS系统中的角色

实际应用中,热敏电阻传感器除用于检测温度外,还用于温度补偿、过热保护、液面测量等。

2）热电阻式流量计

热电阻温度传感器除了用于温度测量,还能用于流量、流速、风速等测量。而热电阻式流量计是金属热电阻传感器的典型应用,是根据物理学中关于介质内部热传导现象制成的。将温度为t_1的热电阻放入温度为t_2的被测对象内,设热电阻与被测对象的接触面积为A,则热电阻耗散的热量$Q = KA(t_1 - t_2)$,其中K为热传导系数。又因为K的大小与被测对象密度、黏度、平均流速等参数有关,当其他参数为定值时,K的大小仅与被测对象平均流速成正比,因此通过测量热电阻耗散的热量Q即可测量被测对象的流速或流量。

2.4 温度传感器故障检测

温度传感器技术已经非常成熟，经常需要和一些仪表配套使用，在配套使用过程中经常有一些小的故障。常见的故障及遇到故障之后的解决方法如下：

(1) 被测对象温度升高或降低时变送器输出无变化，遇到这种情况大多是传感器密封的问题，由于传感器没有密封好或焊接时不小心将传感器焊除了砂眼等，此时一般需要更换传感器外壳。

(2) 仪表输出信号不稳定，这种情况大多是仪表自身抗干扰能力不强导致的，需提升仪表抗干扰能力。

(3) 变送器输出误差大时，可能因为选用的温度传感器（感温元件）不适合，也可能因为传感器出厂时没标定好引起。

本章小结

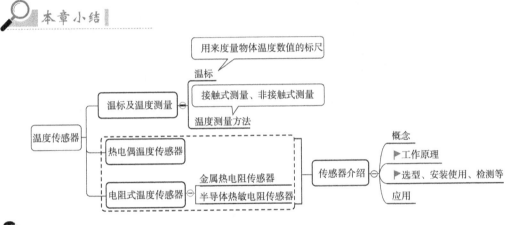

习题

1. 单项选择题

(1) 工业中的温度测量，最常用的温标是_____。

  A. 摄氏温标   B. 国家温标   C. 热力学温标   D. 华氏温标

(2) 仓库中有一个热电阻，印刷的标记模糊。用万用表的欧姆挡测量，阻值约为108Ω，此时的环境温度约为20℃，用手捏住一会儿，阻值有所增加。可以判断该热电阻的分度号是_____。

  A. Cu50   B. Pt25   C. Pt100   D. Pt1000

(3) 属于自发电型的温度传感器是_____，它需要施加外界电流才能得到电压。

  A. 铂热电阻   B. 热敏电阻   C. 热电偶   D. 温度 IC

(4) 在热电偶测温回路中经常使用补偿导线的最主要的目的是_____。

  A. 起冷端温度补偿的作用

  B. 补偿热电偶冷端热电动势的损失

  C. 将热电偶冷端延长到远离高温区的地方

  D. 提高灵敏度

2. 结合本章小结的框图，试在教材中找到每种温度传感器的工作原理。

3. 热电偶温度传感器热电势的大小主要受什么的影响？

4. 热电偶冷端温度补偿常用的方法有哪几种？请写出热电偶回路热电势的表达式。

5. 试列举还有哪些传感器可以实现温度的测量。

6. 下图所示为某地铁气体灭火系统，其中温度传感器在火灾初期的检测中扮演了很重要的角色，试简单分析该灭火系统的大致工作过程。

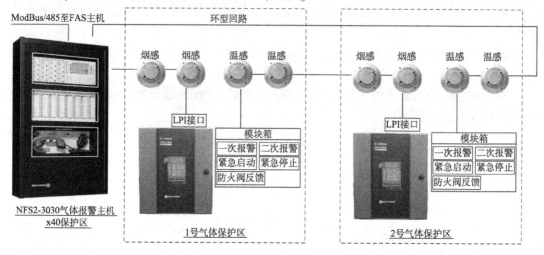

习题6图　地铁气体灭火系统示意图

第3章　速度传感器

> 学习目的
>
> ◆ 理解接触式速度传感器、非接触式速度传感器(光电式、磁电式、霍尔式)的工作原理；
> ◆ 熟悉接触式速度传感器、非接触式速度传感器(光电式、磁电式、霍尔式)使用注意事项；
> ◆ 了解各种速度传感器的具体应用。

速度是描述物体运动快慢和运动方向的物理量,包括线速度和角速度(转速),即直线运动和圆周运动。在实际生产生活中速度的检测及控制非常重要,比如高铁、汽车速度的检测及控制,对安全运行意义重大,检测速度的快慢及精度也会影响安全运行。在工业、农业、国防等领域,速度及速度相关参数检测也很重要,实现这些参数检测的元器件(装置)就是速度传感器。

现代自动控制系统中速度是一个非常重要的工作参数,同时也是其他计算电子控制系统来控制其他参数的一个重要基准。速度传感器根据安装形式的不同,分为接触式测速和非接触式测速,对应的速度传感器有接触式速度传感器和非接触式速度传感器两类。

3.1　接触式速度传感器

3.1.1　概述及工作原理

1) 概述

接触式速度传感器即接触旋转式速度传感器,与运动物体直接接触,其示意图如图 3-1 所示。

2) 工作原理

当运动物体与传感器接触时,摩擦力带动传感器的滚轮转动,装在滚轮上的转动脉冲传感器产生一连串的脉冲,每个脉冲代表了一定距离值(常数),当产生脉冲的时间已知,便可测出运动物体线速度。

当滚轮大小确定即滚轮每旋转一周的长度一定,如果旋转一周所需的时间短,则该过程旋转速度较大;如果旋转一周所需的时间长,则该过程旋转速度较小。设图 3-1 中滚轮直径为 D,滚轮每转一周产生(输出)的脉冲数若为 3,在时间 t 内脉冲计数(个数)为 n,则线速度 $v = \pi D n / 3t$。

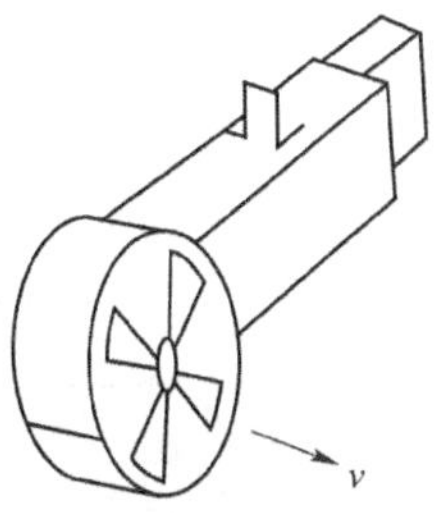

图 3-1　接触式速度传感器示意图

接触旋转式速度传感器中,转动脉冲传感器产生脉冲的方式很多,比如光电、磁电、电感应等。每个脉冲代表的距离称为脉冲当量,为了计算方便,脉冲当量常常设为距离的整数倍。

3.1.2 使用

接触旋转式速度传感器结构简单,使用方便。但因其工作过程中滚轮的直径与运动物体始终有摩擦,使得滚轮外周磨损,时间一长也将影响滚轮的周长,从而影响测量精度。因此在传感器配套的二次仪表中往往需要增加补偿电路,提高测量精度。此外,接触旋转式速度传感器工作过程中,可能产生滑差,也将影响测量的准确性,所以该传感器往往需要施加一定压力或滚轮表面采用摩擦系数大的材料,从而减小滑差。

3.1.3 应用

皮带秤,也就是安装在皮带运输机上的秤,主要功能是称量皮带运输机上的物料重量,往往需要用到力传感器、速度传感器分别测量物料的重量和速度物理量,基于不同的使用状况,又分为配料皮带秤、矿用皮带秤等。其中基于接触式速度传感器应用的滚轮皮带秤其实物图如图 3-2 所示。

图 3-2 滚轮皮带秤

滚轮皮带秤主要由重力传递系统、滚轮、计数器和速度盘组成。速度盘转速正比于皮带速度。滚轮滚动的角速度正比于皮带上通过的物料量。滚轮在速度盘上滚动的位置由物料的重力大小来调整。当皮带上没有物料时,滚轮靠近速度盘中心,转速为零,计数器不累计;当皮带上有物料时,滚轮随着重力变大向周边移动,并带动计数器记下皮带上通过的物料总量。

其中同类传感器数量在两个及以上时,需注意它们的安装位置及量程的选择。测速滚轮应安装在回程皮带下面,应安装牢固并易于拆卸,且符合与之配套的测速元件(转动脉冲传感器)的安装要求,其工作原理图如图 3-3 所示。

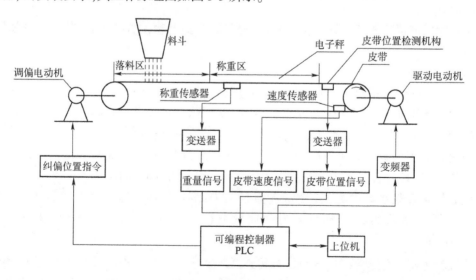

图 3-3 皮带秤工作过程示意图

随着传感器技术、电子仪表技术的发展,可以输出电信号的速度传感器及称重传感器迅速取代了机械式皮带秤的相应机构,而对速度、重量信号进行放大处理及实现各种运算都可以放在电子仪表中完成,称量精确度提高了,秤架结构简化了,因此电子皮带秤迅速全面地取代了机械式皮带秤。

3.2 非接触式速度传感器

非接触式速度传感器即旋转式速度传感器与运动物体无直接接触,其测量原理很多,接下来主要介绍光电式、磁电式、霍尔式三种速度传感器。

3.2.1 光电式速度传感器

1)概述

光电式速度传感器在速度检测的精确度方面有其天然的优势,除了测量速度外,还可加速度、位移等物理量,具有测速范围宽、精度高、分辨力高、可靠性和抗干扰能力高等特点,其外形如图3-4所示。

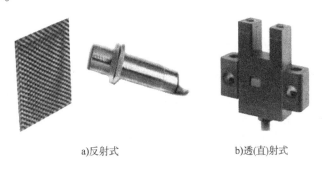

a)反射式　　　　　　　　b)透(直)射式

图3-4　光电式速度传感器

2)工作原理

光电式速度传感器是将速度的变化转变为光通量的变化,再通过光电转换元件将光通量的变化转换为电量变化,即将光电脉冲变成电脉冲。而光电转换元件是利用光电效应实现光参量到电信号的转换。这里的光电效应是指光电转换元件吸收光能后产生电效应,和光电效应有关的内容将在光电式传感器章节进一步介绍。

光电式速度传感器可分为透射式测速传感器和反射式测速传感器。

(1)透(直)射式测速传感器

透光式测速传感器由带孔或缺口的圆盘、光源和接收器(如光电管)等组成。其中圆盘随被测轴旋转,光源发出的光只能通过圆盘的孔洞或缺口照射到光电管上,当光电管被照射时,其反向电阻值很低,于是输出一个电脉冲信号;当光线被圆盘遮挡,光电管接收不到光,其反向电阻值很大,几乎没有电脉冲信号输出。于是根据圆盘孔洞(或缺口)数即可测出被测轴的转速,其工作原理图如图3-5所示。

若圆盘的孔洞数为m,总脉冲数为n,该记录过程所用时间为t,则转速N为:

$$N = \frac{60n}{mt}(\text{r/min})$$

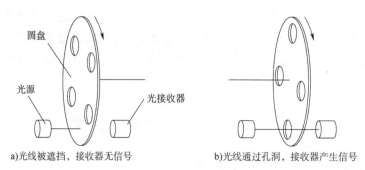

a) 光线被遮挡，接收器无信号　　　b) 光线通过孔洞，接收器产生信号

图 3-5　透射式测速传感器工作原理

(2) 反射式测速传感器

反射式测速传感器工作原理与透射式一样，只是接收器接收的光不是由光源照射直接得到，而是通过光的反射来得到脉冲信号，通常需要将反光材料粘贴于被测轴的测量部位，从而构成反射面。其工作原理示意如图 3-6 所示。

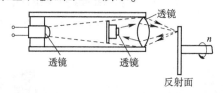

图 3-6　反射式测速传感器工作原理

其中反光材料可以是专用测速反射纸(胶)带、铝箔或在被测部位涂上白漆。需注意光源(或投光器)与反射面要适当配置，它们之间的距离一般控制在 5~15m。当被测轴旋转时，接收器接收反射光，并输出相应电信号给电子技术器，从而测出被测轴的转速。

与透射式测速传感器相比，反射式测速传感器因与被测轴无任何机械联系，避免了振动对光源带来的损害，透射式不适用于较强振动环境，反射式使用更加方便。

3) 光电式速度传感器的选择与使用

选择光电传感器的时候，需要考虑以下几方面因素：

(1) 光电传感器的尺寸要符合相应生产环境，需要测量好之后再进行选择。

(2) 适当选择适合本环境下面的传感模式。

(3) 要根据自身产品的生产环境来进行传感范围的选择，不论范围是大还是小，要结合本身的特点。

(4) 在安装方式上，如果有技术人员的话，可以全权交给技术人员来安装，在没有技术人员的基础下，要借鉴别人的先进经验。

(5) 此外，还应考虑对工作电压、光源、连接方式、包装材料等方面的要求，根据光电传感器的说明进行安装。

4) 应用

实际应用中，光电式速度传感器可以测量速度、加速度及位移等多种物理量，具有非接触性、宽测速范围、高准确度、高分辨力、高可靠性和抗干扰能力强等优点，应用广泛。

(1) 电动自行车速度与里程表

电动自行车速度与里程表主要用到信号预处理电路、单片机、系统化 LED 显示模块、数据存储电路及软件部分。自行车速度与里程的实时显示是基于光电(速度)传感器将不同车速转变为不同频率脉冲信号,再将该信号传输给单片机进行控制和计算,然后将速度和里程数据通过 LED 模块显示,使得自行车能实时显示速度和里程,该系统工作大致过程如图 3-7 所示。

图 3-7　系统工作过程

该系统通过测量脉冲频率计算自行车速度。其中光电(速度)传感器采用了红外光电传感器,以非接触式形式实现速度检测。当有物体挡在红外光电发光二极管和接收器(高灵敏度的晶体管)之间,则传感器输出低电平,反之,当没有物体挡在它们之间则输出高电平。其中中间的遮挡物即带孔洞的铝盘(圆盘),铝盘随后轮旋转,传感器向外输出若干个脉冲供单片机使用,从而算出转速。另外,当检测速度高于某一定值,可自动向用户报警。

(2)列车运行速度监测

LKJ2000 型列车运行监控记录装置主要由主机箱、显示器、速度传感器、压力传感器等组成,是具备自主知识产权的新型列车超速防护设备。该装置在列车运行时,按前方信号显示状态,根据列车速度计算走行距离并产生控制模式曲线。其系统结构图如图 3-8 所示。

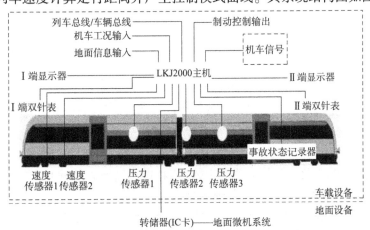

图 3-8　系统结构图

其速度信息来自安装在机车轮对轴头上的光电式速度传感器。光电式传感器的固定光源(发光二极管)与固定光接收器(光敏三极管),均分别固封于传感器内部旋转片两侧、位置对应的两工作柱内,不能拆卸。机车车轴带动光电式速度传感器转轴同步转动时,光源发出的连续光(红外光)通过旋转盘上的通孔或光栅形成光脉冲并照射到光接收器上,由于光电效应,使光敏器件感光并产生电脉冲,在一定情况下,电脉冲数和转速成正比。

光电式速度传感器是监控装置防止列车冒进信号、运行超速事故的前提和保障。随着运输组织、列车运行监控装置技术的进一步发展,对光电式速度传感器的要求也在不断提高。

(3)车辆道路性能检测器

采用光电式速度传感器、数据预处理电路和微机多路数据采集系统组成的车辆道路性能检测器可以为交通部门提供方便、快捷、准确、高效的车辆外场路面行驶性能检测和新型车辆性能测试,车辆道路性能检测器是一种先进的车辆性能虚拟测量系统。它不仅能测量速度,而且可以检测加速度、距离、车辆制动等多种性能。

车辆道路性能检测器主要由光电式速度传感器、数据预处理电路、微机多路数据采集系统组成,为交通部门测试车辆路面行驶性能及新型车辆性能提供了便利。将速度传感器安装在汽车上,镜头对准灯光照射的地面(天气晴朗时可不用灯光照射),汽车在行驶过程中,地面杂乱的花纹通过传感器内部的光学系统在光电器件(敏感元件部分-梳状硅光电池)上成像,经光电转换及信号过滤等处理,光电速度传感器输出周期性随机窄带信号,该信号的基波频率正比于汽车行驶速度,且每一周期对应汽车行驶的一段距离,通过带通跟踪滤波器滤波及整形电路等处理,即可得到随车速变化的脉冲信号,从而实现测速。

车辆道路性能检测器除了能测量速度,它还能检测汽车加速度、行驶距离、制动性能等。比如对汽车的制动减速度、滑移率进行测量。假设 V_{n+1}、V_n 是汽车 $n+1$、n 时刻的速度,两次速度采样的间隔时间为 $\Delta t = t_{n+1} - t_n$,则该汽车的制动减速度为:

$$\frac{\mathrm{d}v}{\mathrm{d}t} = \frac{v_{n+1} - v_n}{\Delta t}$$

若 r 为车轮滚动半径,w 为车轮滚动角速度,那么汽车车轮抱死滑移率 s 为:

$$s = \frac{v - rw}{v}$$

通过将相应的公式编程,即可得出相应测量值的大小,实现相应参数及性能的测量。

(4)在汽车上的应用

光电式车速传感器主要用于检测电控汽车的车速,然后通过车速控制发动机怠速,自动变速器的变扭器锁止,自动变速器换挡及发动机冷却风扇的开闭和巡航定速等。

光电式车速传感器由带孔的转盘两个光导体纤维、一个发光二极管、一个作为光传感器的光电三极管组成。一个以光电三极管为基础的放大器为发动机控制电脑或点火模块提供足够功率的信号,光电三极管和放大器产生数字输出信号(开关脉冲)。发光二极管透过转盘上的孔照到光电二极管上实现光的传递与接收。

传统的光电式传感器往往体积较大,功能不完善,且应用领域受限,难以满足便携设备、可穿戴设备等下游应用领域不断升级的消费需求。使得传感器中敏感元件、转换元件和调理电路的尺寸向微型化趋势发展。此外,伴随着光电式传感器应用领域的不断扩大以及加工工艺和组装技术的发展等,使多种敏感元件整合在同一基板上成为可能。终端应用的集成化要求,推动了多功能化传感器的发展。

3.2.2 磁电式速度传感器

1)概述

磁电式速度传感器是利用电磁感应原理,将输入的运动速度转换为线圈中的感应电势输出,即将被测物体的机械能转换为电信号输出,是一种机-电能量变换型无源传感器,因此不需要外部供电电源,电路简单,输出阻抗小,性能稳定,可在烟雾、水气、油气等恶劣环境中使用。该传感器由永磁铁、线圈、外壳等部分组成,其外形及结构如图3-9所示。

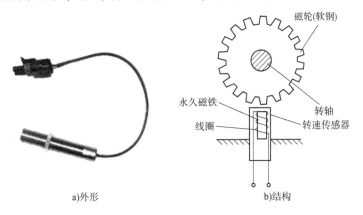

图3-9 磁电式速度传感器

2)工作原理

1831年,科学家迈克尔·法拉第发现了电与磁之间的相互联系和转化关系,只要穿过闭合电路的磁通量变化,闭合电路中就会产生感应电流。这种利用磁场产生电流的现象称为电磁感应,产生的电流为感应电流I,形成的电压为感应电势E,电磁感应验证性实现如图3-10所示。

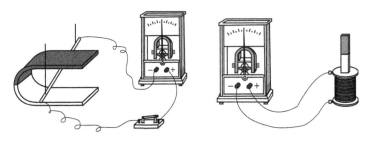

图3-10 电磁感应验证性试验

如图3-10所示,一种是让闭合电路中的导体在磁场中做切割磁感线的运动,另一种是让磁体在导体内运动。若在均匀磁场中有一个与磁场方向垂直的平面,其中磁场的磁感应强度为B,平面面积为S,那么磁感应强度B与垂直磁场方向的面积S的乘积为磁通量(磁通),即$\phi = BS$。

磁电式速度传感器工作原理如图3-11所示。

根据电磁感应原理,N匝线圈在磁场中运动切割磁力线,线圈内将产生感应电势,感应电势的大小与穿过线圈的磁通ϕ变化率有关。磁电式速度传感器就是基于这一现象,实现机-电转换。

如图3-9b)所示,在齿盘上加工有齿形凸起,齿盘装在被测转轴上与转轴一起旋转。当转轴旋转时,齿盘的凹凸齿形引起齿盘与永久磁铁间气隙变化,使得永磁铁所在的磁路中磁通变化,从而感应线圈感应产生脉冲电势(电信号),若磁轮的齿数为Z,磁轮转了n转,则产生的电信号频率f为:

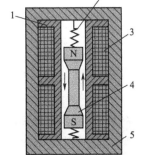

图3-11 磁电式速度传感器工作原理

1-金属骨架;2-弹簧;3-线圈;
4-永久磁铁;5-壳体

$$f=\frac{Zn}{60}(\mathrm{r/min})$$

3) 磁电式速度传感器的选择与使用

(1) 分类

磁电式速度传感器根据内部磁通变化与否,可分为恒定磁通式和变磁通式。

恒定磁通式传感器按运动部件不同可分为动圈式和动铁式两种,顾名思义,动圈式传感器中线圈是运动部件,一般用于测量线速度、角速度,如果在其测量电路中接入积分或微分电路,可用来测量位移或加速度值;动铁式即工作过程中铁芯受影响而运动,可用于各种振动测量及加速度测量。其中动圈式速度传感器示意图如图 3-12 所示。

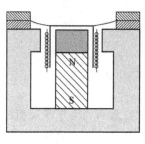
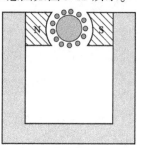

a) 线速度型　　　　　b) 角速度型

图 3-12　动圈式磁电速度传感器

变磁通式传感器,线圈和铁芯都不动,受转动物体(被测对象)影响,导致磁阻、磁通等变化,一般用于旋转物体角速度测量。如图 3-13 所示,变磁通式速度/角速度传感器测量齿轮的齿数及旋转速度,其中齿轮由导磁材料制成,当齿轮每转过一齿,传感器磁路磁阻变化一次,从而传感器内部线圈感应电势也变化一次,感应电势的变化频率就等于齿轮转过的齿数与转速的乘积。该传感器能在 -150~90℃ 环境温度下工作,其工作频率一般为 50~100Hz。

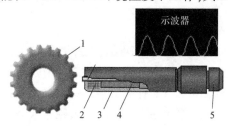

图 3-13　齿轮齿数及转速测量

1-测量齿轮;2-线圈;3-外壳;4-永磁铁;5-插座

(2) 选型及安装

传感器的种类非常多,每种传感器的型号也不止一个,因此在选择传感器时,需参考产品系列号说明,尤其注意传感器测量方式、灵敏度、最低工作频率、电缆末端连接方式及铠装/非铠装电缆长度等方面,从而选出合适的传感器。

在实际安装现场及检修维护中,不规范的操作或对细节的忽视,往往会影响传感器的测量准确性,从而给监测系统的可靠运行带来一定影响。因此需注意以下两点:

①磁电式速度传感器安装时注意其工作方向,也就是安装角度,一般传感器工作方向有三种形式:垂直安装(0°±2.5°),水平安装(90°±2.5°)及通用型(0°±100°,垂直或水平均

可)。若安装时未注意其安装角度,可能会引起传感器输出信号不正常。

②需注意传感器产品系列号,否则传感器的接线方式与原设计不匹配。

(3)运行维护

以测量主机轴承振动为例,传感器安装好后,确认其安装方向及接线是否正确,接线和连接头有无松动,然后用万用表测量传感器两端输出电阻值是否在正常范围。此外还需注意:

①根据厂家说明书判定检查传感器的参考点灵敏度及频率响应灵敏度,一般参考点灵敏度的偏差为±5%,频率响应灵敏度的偏差为±10%。若偏差较大,应及时更换传感器,以免给设备或系统安全运行带来隐患。若暂无备用传感器,应采取应急措施,如降低设备或系统报警设定值,使工作人员提前注意。

②在安装或校验周期到期后,传感器需经有检定资质的机构检验合格才能继续使用,送检时需对传感器进行保护处理,以免造成损害。且在之后的安装中,传感器应配套使用,否则会引起较大的测量误差。

③在后期使用中,注意产品系列号要一致,即更换的传感器灵敏度要一致,不然也会带来测量误差,因此在选择使用前要认真阅读产品说明书及系列号说明等。

④使用过程中,常有电缆绝缘层开裂现象,主要是因为就地电缆受环境温度(高)、老化或装卸时磨损等引起,导致绝缘性不好或多点接地。若多点接地在不同的地网产生电势差,将在屏蔽层产生环流,叠加在有用信号里将引起输出信号波动或突变,给测量系统带来干扰。

⑤使用中,发现信号异常或信号记录曲线异常,需及时检查及处理,并做好相关记录。

总之,设备或系统的有效工作,离不开前期的选型及正确安装,也离不开使用过程中的运行维护。配备必要的备用器件很有必要,以免损坏时及时更换,更好地保证了设备或系统的正常工作。

4)应用

磁电式速度传感器为惯性式速度传感器,相当于一个小的发电机,无须主控部分供电,其结构简单,相对霍尔传感器成本较低,齿盘和传感器间的安装间隙要求没有霍尔传感器高,可测量振动速度、位移和加速度等。

(1)在发动机上的应用

发动机转速是发动机最重要的参数之一,如何简单有效地测量发动机转速显得十分重要。现在车用传感器是电子控制系统的主要组成部分,传感器的性能直接影响电控系统的性能,而转速传感器是计算机控制的点火系统中最重要的传感器。

在汽车的点火系统中,转速传感器检测上止点信号、曲轴转角及发动机转速,曲轴上齿圈转动时不断切割磁力线而产生感应电信号,检测到的信号需经过限幅电路(限幅滤波)和整形电路(整形转化)将传感器信号转换为符合单片机接口电平并利于采集的信号才能输入计算机,使得计算机能按汽缸的点火顺序发出最佳点火时刻指令。

磁电式转速传感器一般安装于曲轴皮带轮或链轮侧面,有的安装于凸轮轴前端或分电器前。由于磁电传感器受干扰因素较多,对测量精度影响较大,往往需要对检测数据进行一定处理,但因其操作简单、安装方便,能在较恶劣条件下工作而应用广泛。

(2) 机车牵引电机转速测量

为了确保机车高效安全运行,对机车各牵引电机转速信号快速准确地检测显得尤为重要。

在牵引电机小齿轮上安装测速齿轮,当车轮转动,车速传感器便产生正比于车轮转速变化的脉冲信号,控制装置通过对传感器输出信号定时采用(检测一定时间内的脉冲数),再通过计算得到牵引电机转速。检测过程中,转速信号里常夹杂高频噪声信号,因此控制装置会使用数字低通滤波器滤去高频噪声信号。

3.2.3 霍尔式速度传感器

1) 概述

霍尔速度传感器是一种基于霍尔效应的有源传感器,具有对磁场敏感度高、输出信号稳定、频率响应高、抗电磁干扰能力强(数字信号)、结构简单、使用方便等特点。霍尔速度传感器如图3-14所示。

图3-14 霍尔速度传感器

2) 工作原理

霍尔速度传感器主要由永久磁铁(一般4对或8对)、霍尔元件、旋转机构及输入/输出插件组成,如图3-15所示。

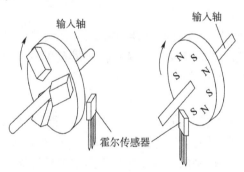

图3-15 霍尔速度传感器的结构

(1) 霍尔元件之霍尔效应

霍尔效应是电磁效应的一种,它定义了磁场和感应电势(电压)之间的关系,有别于电磁感应。

1879年,美国物理学家霍尔在研究金属的导电机制时发现:如果让恒定电流通过金属薄片,并将金属薄片置于强磁场中,在金属薄片的另外两侧将产生与磁场强度成正比的电动势,这一现象后来被人们称为霍尔效应。但是这种效应在金属材料中非常微弱,并没有引起人们的重视。1948年以后,随着半导体技术的发展,人们找到了霍尔效应比较明显的半导体材料,并制成了砷化镓、锑化铟、硅、锗等材料的霍尔元件。用霍尔元件组成的传感器即霍尔传感器,本节讲到的霍尔速度传感器就是在霍尔传感器基础上衍生出来的。因此霍尔元件(敏感元件)是霍尔速度传感器不可或缺的部分。因此在理解霍尔速度传感器如何工作前,先来了解下霍尔元件的工作原理。

导体或半导体薄片置于磁感应强度为 B 的磁场中,磁场方向垂直于薄片,如图 3-16a) 所示。当有电流 I 流过薄片时,在垂直于电流和磁场方向上将产生感应电势 E_H,这种现象称为霍尔效应,产生的电动势称为霍尔电势,其中的导体/半导体薄片即霍尔元件。所以霍尔效应的本质是:固体材料中的载流子在外加磁场中运动时,因为受到洛伦兹力的作用而使轨迹发生偏移,并在材料两侧产生电荷积累,形成垂直于电流方向的电场,最终使载流子受到的洛伦兹力与电场斥力相平衡,从而在两侧建立起一个稳定的电势差(霍尔电压)。

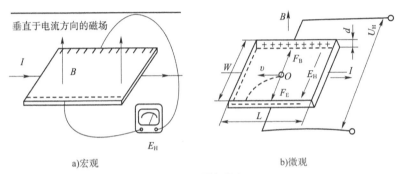

图 3-16 霍尔效应

如图 3-16b) 所示,该薄片长为 L,宽为 W,厚为 d,此时通以图示方向的电流和磁场,则半导体(薄片)的载流子(电子)O 将受到磁场产生的洛伦兹力 F_B。

$$F_B = evB \tag{3-1}$$

式中:e——电子 O 的电量;

v——半导体中电子的运动速度,在讨论霍尔效应时假设所有电子载流子运动速度相同。

当半导体中的电子受到磁场作用(F_B),电子将偏向半导体一侧,从而导致在该侧上形成大量电子的堆积,同时,在另一侧上因缺少电子而出现等量正电荷,于是在这两个侧面间形成了新的电场,于是之后的电子还会受到电场作用力 F_E。

$$F_E = eE_H \tag{3-2}$$

当偏移的电子数量堆积到一定程度时,总有那么一个时刻使得之后的电子受到的洛伦兹力和电场力相等,从而电荷的累积达到动态平衡,即

$$F_B = F_E \tag{3-3}$$

由于存在 E_H,半导体薄片两侧间出现电位差 U_H,即霍尔电势。

$$U_H = \frac{R_H}{d}IB = K_H IB \tag{3-4}$$

式中:R_H——霍尔系数;

K_H——霍尔元件灵敏度。

从式(3-4)中可以看出,霍尔电势正比于磁感应强度。当霍尔元件所处环境磁场强度变化时,也将引起霍尔电势(电信号)的变化,因此霍尔元件/霍尔传感器对磁场强度变化敏感。

(2)霍尔速度传感器工作原理

霍尔速度传感器有几种不同的机构,其中一部分如图3-17所示。将磁性转盘输入轴与被测转轴相连,当被测转轴转动,磁性转盘随之转动,此时固定在磁性转盘附近的霍尔传感器便可在每个小磁体通过时产生相应的脉冲,检测单位时间内的脉冲数就可知道被测对象转速。而磁性转盘上小磁体数目的多少决定了该传感器测量转速的分辨率。

3)霍尔速度传感器的选择与使用

传感器的选型要根据转速测量的要求而定,如低速测量是否需要检测零转速,高速测量的最高转速的大致范围。

该传感器在安装使用时需注意以下事项:

①传感器与被测对象之间的安装距离需根据被测对象尺寸及磁性决定。

②检测面应避免受到剧烈撞击,需注意齿轮转动方向与传感器标志线相同。

图3-17为该类传感器的典型安装方式。

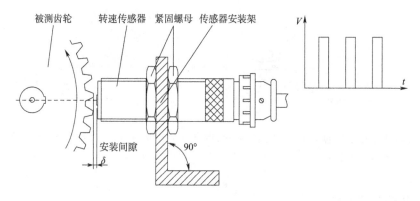

图3-17 安装示意图

如果安装间隙过小,会因测速齿轮不规则的圆周运动导致齿轮顶面与传感器前端产生擦碰,从而损坏传感器;安装间隙过大会造成电磁信号太弱,信号采集不可靠,致使传感器工作异常。因此传感器前端与测速齿轮之间的安装间隙应按照相关要求执行。

4)霍尔速度传感器的应用

霍尔速度传感器以检测磁场的原理工作,具有防尘、防油和防其他会造成光学传感器严重故障的污染。有较强的抗干扰能力,能输出良好的矩形脉冲信号,测量频率范围宽,输出信号更精确等特点。

(1)在汽车ABS(Anti-lockedBrakingSystem)防抱死系统上的应用

随着汽车电子技术的发展,汽车的安全性能技术受到人们的重视,制动系统作为主要安全件更是备受关注,ABS防抱死制动系统,是一种具有防滑、防锁死等优点的汽车安全控制系统。ABS系统由车轮速度传感器、液压控制单元和电子控制单元(ECU)等组成,当汽车制动时,根据车轮转速,自动调整制动管内的压力大小,使车轮总是处于边抱死边滚动的滑移状态,防止车轮抱死,使车轮始终获得最大制动力,并保持转向灵活。汽车ABS防抱死系统示意图如图3-18所示。

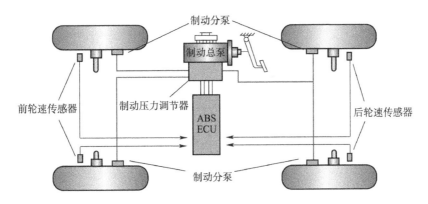

图 3-18 汽车 ABS 防抱死系统示意图

在制动时,车轮速度传感器测量车轮的速度,如果一个车轮有抱死的可能时,车轮减速度增加很快,车轮开始滑转。如果该减速度超过设定的值,控制器就会发出指令,让电磁阀停止或减少车轮的制动压力,直到抱死的可能消失为止。

其中车轮速度传感器安装在车轮上,用来检测车轮转速,将速度信号传送给电子控制单元(ECU),再由 ECU 判断并决定是否开始防抱死制动。车轮速度传感器可以是霍尔式,也可以是磁电式的,采用多种技术探测磁场变化,并产生相应的电信号给 ECU。

(2)动车速度检测

随着我国高速铁路的快速发展,速度的监测非常重要,是动车组安全运行的重要监测指标之一。如图 3-19 所示为动车速度显示示意图。

图 3-19 动车速度显示

动车组霍尔速度传感器的测速齿轮是嵌套在动车轮轴上的磁感应部件,与车轮同步转动,而霍尔传感器则安装在测速齿轮箱体侧面,并探入箱体内,其前端与测速齿轮顶面保持一定间隙,当车轮转动,传感器可感应到磁场变化,并将脉冲信号进行传输及转换(转换电路),从而显示动车组的行驶速度。

此外,霍尔传感器因其灵敏度高、线性度好、体积小等特点,在机车控制系统中占有重要位置。通过霍尔传感器感知磁场强度,得到稳定脉冲方波信号,实现机车的转速测量。在自动农机设备、自行车方面也有应用。

本章小结

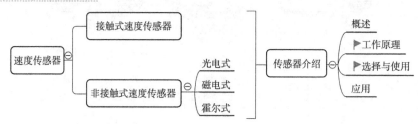

1. 非接触式速度传感器有哪些？
2. 光电式速度传感器工作原理是什么？
3. 磁电式速度传感器工作原理是什么？
4. 什么是霍尔效应？霍尔传感器除测量速度外，还可以测量哪些物理量？
5. 属于四端元件的是_____。
   A. 压电晶片   B. 霍尔元件   C. 热敏电阻   D. 光电池
6. 日常生活中，还有哪些对象需要速度检测，它们是如何实现其速度检测的呢？

第4章 力、压力传感器

> 🎯 **学习目的**
>
> ◆ 熟悉常用的力、压力传感器工作原理,如电阻应变片、压电式、电容式、电感式压力传感器;
> ◆ 掌握常用力、压力传感器的测量原理。
> ◆ 熟悉电阻式、压电式、电容式、电感式等传感器的安装及应用。

力是物体之间的一种相互作用。力的作用结果是:使物体产生形变;在物体内产生应力、应变;同时也可以改变物体的机械运动状态;或改变物体所具有的动能和势能。

力是一种非电物理量,不能用电工仪表直接测量,需要借助某一装置将力转换为电量才能测量,能实现这一功能的装置就是力传感器。力传感器主要由力敏感元件、转换元件和测量、显示电路组成,如图4-1所示。

图4-1 力传感器测量示意图

力的计量单位为牛顿,国际单位制规定,使1kg质量的物体产生1m/s²加速度的力称为1N,即$1N = 1kg \cdot m/s^2$。

力的测量所依据的原理是力的静力效应和动力效应。

力的静力效应是指弹性物体受力后产生形变的一种物理现象。由胡可定律 $F = kx$ 知:在弹性范围内,弹性物体在力的作用下产生的形变 x,与所受的力 F 成正比,其中,k 为弹性元件的劲度系数。因此,只要通过一定的手段测出物体的弹性变形量,就可间接确定物体所受力的大小。

力的动力效应是指具有一定质量的物体受到力的作用时,其动量将发生变化,从而产生相应加速度的物理现象。由牛顿第二定律 $F = ma$ 可知:当物体质量 m 确定后,物体受到的力(F)的大小与产生的加速度(a)成正比。只要测出物体的加速度,就可间接测得物体所受力的大小。

4.1 弹性敏感元件

弹性敏感元件能把力或压力转换为应变或位移,然后再由转换电路将应变或位移转换为电信号。弹性敏感元件是力传感器中一个关键性部件,要求其具有良好的弹性、足够的精度,应保证长期使用下和温度变化时的稳定性。下面一起了解弹性敏感元件的相关特性。

1)刚度

刚度是弹性元件在外力作用下变形大小的量度,反映弹性元件抵抗力变形的能力,一般用 k 表示为:

$$k = \frac{F}{x} \tag{4-1}$$

式中：F——作用在弹性元件上的外力；

x——弹性元件产生的变形。

2）灵敏度

灵敏度是指弹性敏感元件在单位力作用下产生变形的大小，在弹性力学中称为弹性元件的柔度。它是刚度的倒数，用 K 表示为：

$$K = \frac{\mathrm{d}x}{\mathrm{d}F} \tag{4-2}$$

在测控系统中希望 K 是常数，代表其线性度越好。

3）弹性滞后和弹性后效

实际的弹性元件在加载、卸载的正反行程中变形曲线是不重合的，这种现象称为弹性滞后现象，它会给测量带来误差，如图4-2a）所示。弹性滞后的原因是弹性元件在工作过程中分子间存在内摩擦。当比较两种弹性材料时，应统一用加载变形曲线或统一用卸载变形曲线来比较，这样才有可比性。选用时，希望弹性滞后的面积越小越好。

当荷载从某一数值变化到另一数值时，弹性元件不是立即完成相应的变形，而是经过一定的时间间隔后才逐渐完成变形的这种现象称为弹性后效，如图4-2b）所示。由于弹性后效的存在，弹性敏感元件的变形始终不能迅速跟上力的变化，在动态测量时将引起测量误差。

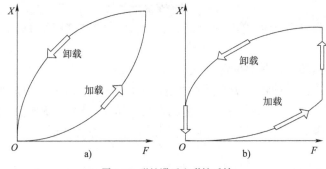

图4-2 弹性滞后和弹性后效

4）固有振荡频率

弹性敏感元件都有自己的固有振荡频率 f_0，它将影响传感器的动态特性。传感器的工作频率应避开弹性敏感元件的固有振荡频率，往往希望 f_0 较高。

在实际选用和设计弹性敏感元件时，常遇到弹性敏感元件特性之间的相互矛盾、相互制约的问题。因此必须根据测量的对象和要求综合考虑，在满足主要要求的条件下兼顾次要特性。

4.2 电阻应变式传感器

4.2.1 概述

电阻应变式传感器是一种利用电阻材料的应变效应，将工程结构件的内部变形转换为电阻变化的传感器，此类传感器主要是在弹性元件上通过特定工艺粘贴电阻应变片来组成。

通过一定的机械装置将被测量转化为弹性元件的变形,然后由电阻应变片将变形转换为电阻的变化,再通过测量电路进一步将电阻的变化转换为电压或电流信号输出。可用于能转化为变形的各种非电物理量的检测,如力、压力、加速度、力矩、重量等,在机械加工、计量、建筑测量等行业应用十分广泛。

4.2.2 工作原理及测量电路

1)电阻应变片的工作原理

电阻应变片式传感器是利用金属和半导体材料的"应变效应"进行工作的。金属和半导体材料的电阻值随它承受的机械变形大小而发生变化的现象就称为"应变效应"。

如图 4-3 所示,当电阻丝受到拉力 F 时,其阻值发生变化。材料电阻值的变化,一是因受力后材料几何尺寸发生了变化,二是因受力后材料的电阻率也发生了变化。

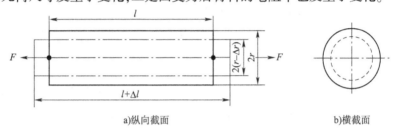

图 4-3 金属电阻丝的应变效应

根据电阻的定义,有:

$$R = \rho \frac{l}{A} = \rho \frac{l}{\pi r^2} \tag{4-3}$$

式中:ρ——电阻丝的电阻率($\Omega \cdot m$);

l——电阻丝的长度(m);

A——电阻丝截面积(m^2);

r——电阻丝半径(m)。

当导体因某种原因产生应变时,其长度 l、截面积 A 和电阻率 ρ 的变化为 dl、dA、$d\rho$,相应的电阻变化为 dR。对式(4-3)全微分,得电阻率变化率 dR/R 为:

$$\frac{dR}{R} = \frac{dl}{l} - 2\frac{dr}{r} + \frac{d\rho}{\rho} \tag{4-4}$$

式中:$\dfrac{dl}{l} = \varepsilon$——材料的轴向应变;

$\dfrac{dr}{r} = \varepsilon'$——材料的径向应变。

由材料力学得 $\varepsilon' = -\mu\varepsilon$,$\mu$ 为电阻丝材料的泊松比,即横向收缩与纵向伸长之比,由此可得:

$$\frac{dR}{R} = \left(1 + 2\mu + \frac{d\rho/\rho}{\varepsilon}\right)\varepsilon = K_0\varepsilon \tag{4-5}$$

式中:$1 + 2\mu$——电阻丝几何尺寸形变引起的变化,即几何效应;

$\dfrac{d\rho/\rho}{\varepsilon}$——材料的电阻率 ρ 随应变所引起变化,即压阻效应。

这是由于材料发生变化时,其自由电子的活动能力和数量均发生了变化的缘故;K_0是金属材料的灵敏度系数,表示单位应变所引起的电阻相对变化。不同的材料,K_0也不相同。K_0是通过试验求得的,一般为常数,取$K_0 = 1.7 \sim 3.6$。金属导体K_0主要取决于其几何效应。

由式(4-5),可知金属电阻丝的拉伸极限内,电阻的相对变化与应变成正比。从而可以通过测量电阻的变化,得知金属材料应变的大小。

当我们将金属丝做成电阻应变片后,其应变特性与金属单丝有所不同。但试验证明,电阻的相对变化$\dfrac{\Delta R}{R}$与应变ε的关系在很大范围内仍然有很好的线性关系,即

$$\dfrac{\Delta R}{R} = K\varepsilon \tag{4-6}$$

式中:K——电阻应变片的灵敏系数,其值恒小于金属单丝的灵敏度系数K_0。究其原因,除了应变片使用时胶体粘贴传递变形失真外,另一重要原因是由于存在着横向效应的缘故。

2)电阻应变片的测量电路

电阻应变片传感器输出电阻的变化较小,要精确地测量出这些微小电阻的变化,常采用桥式测量电路。根据电桥电源的不同,电桥可分为直流电桥和交流电桥,可采用恒压源或恒流源供电。由于直流电桥比较简单,交流电桥原理与它相似,所以我们只分析直流电桥的工作原理。

(1)恒压源供电的直流电桥的工作原理

如图4-4a)所示为恒压源供电的直流电桥的测量电路。其特点是:当被测量无变化时,电桥平衡,输出为零。当被测量发生变化时,电桥平衡被打破,有电压输出,输出的电压与被测量的变化成比例。电桥的输出电压为:

$$U_0 = U_{ba} - U_{da} = \dfrac{R_1 R_3 - R_2 R_4}{(R_1 + R_2)(R_3 + R_4)} U_i \tag{4-7}$$

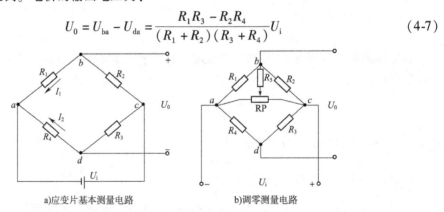

a)应变片基本测量电路　　　　　　b)调零测量电路

图4-4　恒压源供电的直流电桥测量电路

当输出电压为零时,电桥平衡,因此有:

$$R_1 R_3 - R_2 R_4 = 0 \quad 或 \quad \dfrac{R_1}{R_4} = \dfrac{R_2}{R_3}$$

为了获得最大的电桥输出,在设计时常使$R_1 = R_2 = R_3 = R_4 = R$(称为等臂电桥)。当4个桥臂电阻都发生变化时,电桥的输出为:

$$U_0 = \frac{U_i}{4}\left(\frac{\Delta R_1}{R_1} - \frac{\Delta R_2}{R_2} + \frac{\Delta R_3}{R_3} - \frac{\Delta R_4}{R_4}\right) = \frac{KU_i}{4}(\varepsilon_1 - \varepsilon_2 + \varepsilon_3 - \varepsilon_4) \tag{4-8}$$

实际应用时,R_1、R_2、R_3、R_4 不可能严格成比例关系,所以即使在未受力时,桥路输出也不一定为零,因此一般测量电路都设有调零装置,如图 4-4b)所示。调节 RP 可使电桥达到平衡,输出为零。图中 R_5 是用于减小调节范围的限流电阻。

(2)恒流源供电的直流电桥的工作原理

图 4-5 为恒流源供电的直流电桥测量电路。电桥输出为:

$$U_0 = I_1 R_1 - I_2 R_4 = \frac{R_1 R_3 - R_2 R_4}{R_1 + R_2 + R_3 + R_4} I \tag{4-9}$$

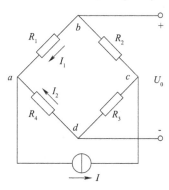

图4-5 恒流源供电的电桥测量电路

同样,当 $R_1 R_3 - R_2 R_4 = 0$ 或 $\frac{R_1}{R_4} = \frac{R_2}{R_3}$ 时电桥平衡。取 $R_1 = R_2 = R_3 = R_4 = R$(等臂电桥)。当桥臂电阻发生变化时,电桥有输出,输出大小与桥臂电阻变化成比例。

(3)电桥的类型

根据电桥工作桥臂的不同,分为单臂电桥、差动双臂电桥(半桥)、差动全桥三种类型。

①单臂电桥。如图 4-6a)所示,电桥 4 个桥臂中只有一个为应变片,设 $\Delta R_1 = \Delta R, R_1 = R_2 = R_3 = R_4 = R$,根据式(4-7),此时电桥的输出电压为:

$$U_0 = \frac{1}{4}\frac{\Delta R}{R}U_i = \frac{1}{4}k\varepsilon U_i \tag{4-10}$$

②差动双臂电桥(半桥)。如图 4-6b)所示,电桥的相邻两个桥臂为应变片工作桥臂,其中一个受拉,一个受压。桥臂电阻变化大小相等,方向相反,设均为 ΔR,根据式(4-7),则电桥的输出为:

$$U_0 = \frac{1}{2}\frac{\Delta R}{R}U_i = \frac{1}{2}k\varepsilon U_i \tag{4-11}$$

③差动全桥。如图 4-6c)所示,电桥的 4 个桥臂均为应变片工作桥臂,相邻两个桥臂其中一个受拉,一个受压。桥臂电阻变化大小相等,方向相反,设均为 ΔR,根据式(4-7),则电桥的输出为:

$$U_0 = \frac{\Delta R}{R}U_i = k\varepsilon U_i \tag{4-12}$$

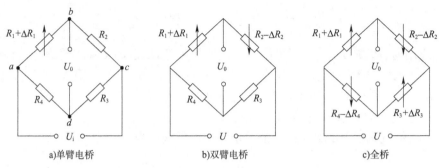

a)单臂电桥　　　　　　　b)双臂电桥　　　　　　　c)全桥

图4-6　电桥测量电路

由以上分析可知,双臂电桥输出灵敏度是单臂电桥的2倍,全桥输出是双臂电桥的两倍。并且采用双臂和全桥测量,可以补偿由于温度变化引起的测量误差。

4.2.3　选择与使用

1)电阻应变片的分类

电阻应变片品种繁多,按其敏感栅不同可分为丝式应变片、箔式应变片和半导体应变片三大类,如图4-7所示;按使用温度可分为低温、常温、中温以及高温应变片;按用途可分为单向力测量应变片、平面应力分析应变片(应变花)及各种特殊用途应变片等。图4-8是各种应变片的结构及形状。

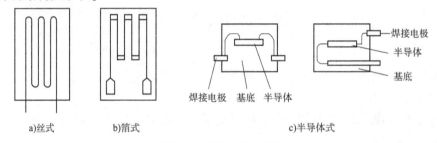

a)丝式　　　　b)箔式　　　　　　　　c)半导体式

图4-7　电阻应变片的类型

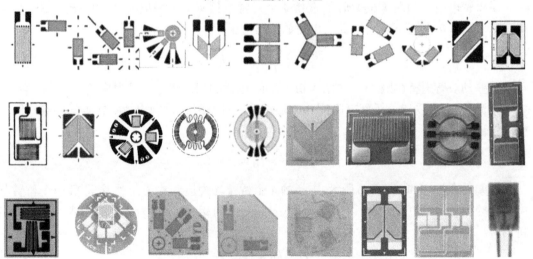

图4-8　各种应变片的结构及外形

2)安装使用

(1)电阻应变片的温度补偿方法

应变片的温度补偿方法通常有两种,即线路补偿和应变片自补偿。

①线路补偿

最常用和效果较好的线路补偿方法是电桥补偿法。测量时,在被测试件上安装工作应变片,而在另外一个不受力的补偿件上安装一个完全相同的应变片称补偿片,补偿件的材料与被测试件的材料相同,且使其与被测试件处于完全相同的温度场中,然后再将两者接入电桥的相邻桥臂上,如图4-9所示。当温度变化使测量片电阻变化时,补偿片电阻也发生同样变化,用补偿片的温度效应来抵消测量片的温度效应,输出信号也就不受温度影响。

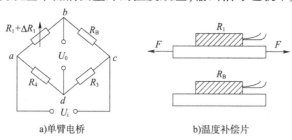

图 4-9 电桥补偿法

R_1-工作应变片;R_B-补偿应变片

如图4-9a)所示为单臂电桥,R_1为测量片,贴在传感器弹性元件表面上,R_B为补偿片,它贴在不受应变作用的试件上,并放在弹性元件附近,R_3、R_4为配接精密电阻。通常取$R_1 = R_B$,$R_3 = R_4$,在不测应变时电路平衡,即$R_1 \times R_3 = R_B \times R_4$,输出电压为零。当电阻由于温度变化由$R_1$变为$(R_1 + \Delta R_1)$时,电阻$R_B$变为$(R_B + \Delta R_B)$,由于$R_1$与$R_B$的温度效应相同,即$(\Delta R_1 = \Delta R_B)$,所以温度变化后电路仍呈平衡,$(R_1 + \Delta R_1)R_3 = (R_B + \Delta R_B)R_4$,此时输出电压为零。

②应变片自补偿

这种补偿法是利用自身具有补偿作用的应变片(称之为温度自补偿应变片)来补偿的。这种自补偿应变片制造简单,成本较低,但必须在特定的构件材料上才能使用,不同材料试件必须用不同的应变片。

(2)安装

应变片是通过黏结剂粘贴在试件上的。在测量应变时,黏结剂所形成的胶层起着非常重要的作用,它要正确无误地将试件的应变传递到敏感栅上。试验的成败往往取决于黏结剂的选用及粘贴方法是否正确。

常用的黏结剂可分为有机黏结剂和无机黏结剂两大类。有机黏结剂通常用于低温、常温及中温,无机黏结剂用于高温。选择时要根据基底材料、工作温度、潮湿程度、稳定性要求、加温加压的可能性和粘贴时间的长短等因素考虑。主要黏结剂牌号有万能胶、501、502、914、509、J06-2、JSF-2、1720、J-12、30-14、GJ-14、LN-3、P10-6等。

应变片的粘贴质量直接影响应变测量的精度。粘贴好的应变片应有一定的粘贴强度,才能准确地传递试件的变形,还要有一定的绝缘电阻,才能进行电阻的正确测量。

具体粘贴工艺简述如下:

①试件表面的处理。粘贴之前,应先将试件表面清理干净,用细砂纸将试件表面打磨平整,

再用丙酮、四氯化碳或氟利昂彻底清洗试件表面的灰尘、油渍,清理面积为应变片的3~5倍。

②确定贴片位置。根据试验要求在试件上划线,以确定贴片的位置。

③粘贴。在清理完的试件表面均匀涂刷一薄层黏结剂作为底层,待其干燥固化后,再在此底层及应变片基底的底面上均匀涂刷一薄层黏结剂,等黏结剂稍干,即将应变片贴在画线位置,用手指滚压,把气泡和多余的黏结剂挤出。注意:应变片的底面也要清理。

④固化。粘贴好的应变片按规定压力、升降温度速率及保温时间等进行固化处理。

⑤稳定处理。黏结剂在固化过程中会膨胀和收缩,致使应变片产生残余应力。为使应变片的工作性能良好,还应进行一次稳定处理,称为后固化处理,即将应变片加温至比最高工作温度高10~20℃,但不用加压。

⑥检查。经固化和稳定处理后,测量应变片的阻值以检查贴片过程中敏感栅和引线是否损坏。另外还应测量引线和试件之间的绝缘电阻,一般情况下,绝缘电阻为50MΩ即可,对于高精度测量,则需在2000MΩ以上。

⑦引线的焊接与防护。应变片引线最好采用中间连接片引出,引线要适当固定,为了保证应变片工作的长期稳定性,应采取防潮、防水等措施,如在应变片及其引线上涂以石蜡、石蜡松香混合剂、环氧树脂、有机硅、清漆等保护层,或在试件上焊上金属箔,将应变片全部覆盖。

4.2.4 应用

电阻应变式传感器应用非常多,如电子秤、人体秤、汽车衡秤等测量系统中的力和重物测量;动力设备管道的进出口处气体或液体压力检测,还可以测量物体的加速度等。

1)电子秤

如图4-10所示,电子秤是将物品重量通过悬臂梁或平面托盘转化为应变片的结构变形,再通过转换电路转化为电量输出。

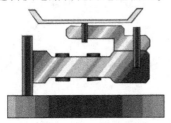

图4-10 应变式力传感器制成的电子秤

2)荷重测量

荷重传感器上的应变片在物体重力作用下产生变形,表现为轴向变短,径向变长。通过转换电路和信号处理电路转化为压力电信号输出。如图4-11所示。

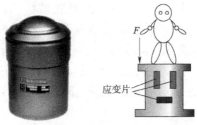

图4-11 应变片荷重传感器及其工作示意图

3) 汽车电子衡

电子汽车衡称重系统主要由承载器、称重传感器、车辆识别器、触摸屏终端设备、限位装置及接线盒、大屏幕显示器、计算机等外部设备组成。如图4-12所示。

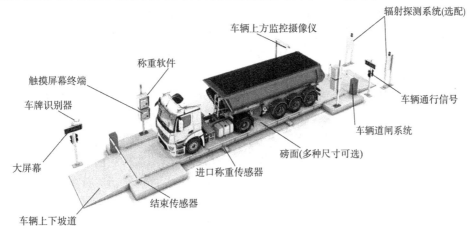

图4-12 汽车衡称重系统

其工作原理是载重汽车置于承载器台面上，在重力作用下，通过承载器将重力传递至称重传感器，使称重传感器弹性体产生变形，贴附于弹性体上的应变计桥路失去平衡，输出与重量数值成正比例的电信号。信号经线性放大器放大，再经A/D转换为数字信号，由微处理器（CPU）对重量信号进行处理后，直接显示重量数据。

4.3 压电式压力传感器

4.3.1 概述

压电式传感器是一种典型的无源传感器，它以某些电介质的压电效应为基础，在外力作用下，材料受力变形时，其表面会有电荷产生，从而实现非电量检测的目的。压电传感元件是一种力敏感元件，凡是能够变换为力的物理量，如应力、压力、振动、加速度等，均可进行测量，但不能用于静态力测量。由于压电效应的可逆性，压电元件又常用作超声波的发射与接收装置。

自然界中与压电效应有关的现象很多。例如，在完全黑暗的环境中，用锤子敲击一块干燥的冰糖，可以看到在冰糖破碎的一瞬间，会发出蓝色闪光，这是强电场放电所产生的闪光，产生闪光的机理就是晶体的压电效应。又如，在敦煌的鸣沙丘，当许多游客在沙丘上蹦跳或从鸣沙丘上往下滑时，可以听到雷鸣般的隆隆声。产生这个现象的原因是无数干燥的沙粒（SiO_2晶体）在重压下引起振动，表面产生电荷，在某些时刻，恰好形成电压串联，产生很高的电压，并通过空气放电而发出声音。再如，在电子打火机中，多片串联的压电材料受到敲击，产生很高的电压，通过尖端放电，而点燃火焰。音乐贺卡中的发声就是利用压电片的逆压电效应。

发明家伊丽莎白·雷蒙德（Elizabeth Redmond）利用压电板发明了一款概念为Powerleap

图4-13 产能人行道

的产能人行道。如图4-13所示,其原理是利用压电技术将人们每天在城市中步行、跑步、蹦跳等一切活动产生的能量转换成电能,让城市的每一个人都成为可持续的自动发电器,为城市的电力供给做出贡献。

能产生明显压电效应的材料称为压电材料,主要有:石英晶体、压电陶瓷、压电半导体、高分子压电材料等。

石英是一种以 SiO_2 晶体为主要成分的天然晶体,具有良好的压电性能。其主要优点是温度稳定性好、机械强度高、绝缘性能好、动态响应快等,但石英晶体价格比较贵、且灵敏度较低。因此,石英晶体一般用于制作标准传感器、高精度传感器或高温环境下工作的压电传感器。

压电陶瓷是一种人造多晶体压电材料,如钛酸钡、锆钛酸铅等。与石英晶体相比,压电陶瓷的压电系数很高,具有烧制方便、耐湿、耐高温、易于成型等特点,制造成本较低。因此,在实际应用中的压电传感器,大多采用压电陶瓷材料。压电陶瓷的缺点是性能没有石英晶体稳定。但随着材料科学的发展,压电陶瓷的性能正在逐步提高。

常用的压电半导体材料有:硫化锌、碲化镉、氧化锌、硫化镉、碲化锌和砷化镓等,其特点是既有压电特性,又有半导体性质。有利于元件和线路的集成,便于研制出新型的集成压电传感器测试系统。

高分子压电材料是一种新型的材料,有聚偏二氟乙烯(PVF2)、聚偏氟乙烯(PVDF)、聚氟乙烯(PVF)、改性聚氟乙烯(PVC)等,其最大特点是具有柔软性,可根据需要制成薄膜或电缆套管等形状,经极化处理后就出现压电特性。它不易破碎,具有防水性,动态范围宽,频响范围大,但工作温度不高(一般低于100℃,且随温度升高,灵敏度降低),机械强度也不高,容易老化,因此,高分子压电材料常用于对测量精度要求不高的场合,例如水声测量、防盗、震动测量等。

4.3.2 工作原理

1) 压电效应

压电式压力传感器的原理以某些电介质的压电效应为基础,在外力作用下,在电介质表面将产生电荷输出。压电效应包括正压电效应和逆压电效应。

某些晶体受一定方向外力作用而发生机械变形时,由于内部电荷的极化现象,相应地在其表面产生符号相反的电荷,当外力去掉后,电荷消失,力的方向改变时,电荷的极性也随之改变,这种现象称为压电效应(正向压电效应),如图4-14a)所示。

压电效应是可逆的,即在电介质的极化方向上施加一个交变电场,电介质会产生机械变形,当去掉外加电场,电介质变形随之消失,这种现象称为逆压电效应(电致伸缩效应),如图4-14b)所示。

2) 等效电路

根据压电效应,当压电传感器中的压电晶体承受被测机械应力的作用时,在它的两个极面上将出现极性相反但电量相等的电荷。可把压电传感器看成一个静电发生器,也可把它视为两极板上聚集异性电荷,中间为绝缘体的电容器。其等效电路如图 4-15 所示。

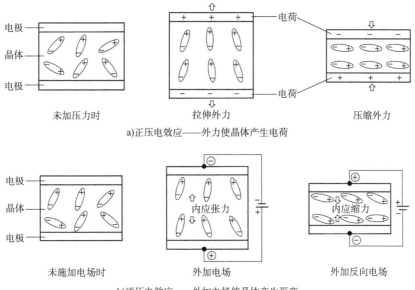

图 4-14 压电效应示意图

其电容量为: $C_a = \dfrac{\varepsilon S}{d} = \dfrac{\varepsilon_r \varepsilon_0 S}{d}$,其中,$S$ 为压电元件极板面积,ε_0 和 ε_r 分别为空气中介电常数和相对介电常数,d 为压电片的厚度。

当压电元件受外力作用时,两表面产生等量的正、负电荷 Q,则两极板将呈现一定的开路电压,其大小为: $U_a = \dfrac{Q}{C_a}$。

因此,可以把压电元件等效为一个电荷源 Q 和一个电容 C_a 并联的形式,如图 4-16a)所示,也可以等效为一个电压源 U_a 和一个电容 C_a 串联的形式,如图 4-16b)所示。

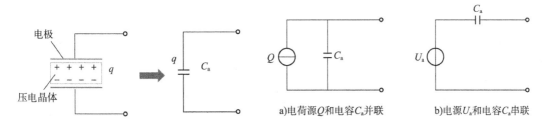

图 4-15 压电传感器的等效电路　　　　图 4-16 压电元件的等效电路

3)测量电路

压电式传感器本身的阻抗很高,而输出能量较小,为了使压电元件能正常工作,它的测量电路需要接入一个高输入阻抗的前置放大器,主要有两个作用:一是放大压电元件的微弱电信号,二是把高阻抗输入变换为低阻抗输出。

根据压电式传感器的等效电路,它的输出信号可以是电压,也可以是电荷。因此,前置放大器有两种形式:一种是电压放大器,其输出电压与压电元件的输入电压成正比;另一种是电荷放大器,其输出电压与输入电荷成正比。

(1) 电压放大器

压电式传感器接电压放大器的等效电路如图 4-17 所示,其中图 4-17b)是电压放大器前置电路的简化形式。其中,C_c 为连接电缆电容,R_i 和 C_i 分别为放大器的输入电阻和输入电容,$R = \dfrac{R_a R_i}{R_a + R_i}$ 为放大器的等效输入电阻,$C = C_i + C_c$ 为放大器的等效输入电容。

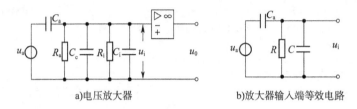

a)电压放大器   b)放大器输入端等效电路

图 4-17 电压放大器测量电路

根据数学推算,放大器输出端的电压:$u_i \approx \dfrac{d}{C_i + C_c + C_a} F_m \sin wt$,其中 $F_m \sin wt$ 为压电材料受到的纵向压力。

从上式可以看出,当作用在压电元件上的力为静态力时(即 $w=0$),放大器的输入电压为零。由于外力作用在压电材料上产生的电荷只有在无泄漏的情况下才能保存,故需要测量回路具有无限大的输入阻抗,这实际上是不可能的,因此,压电式传感器不能用于静态力的测量。当压电材料在交变力的作用下,电荷可以得到不断补充,以供给测量回路一定的电流,故其只适用于动态测量。

(2) 电荷放大器

电荷放大器是一个具有深度负反馈的高增益放大器,它的输入信号为压电传感器产生的电荷。其基本电路如图 4-18 所示。

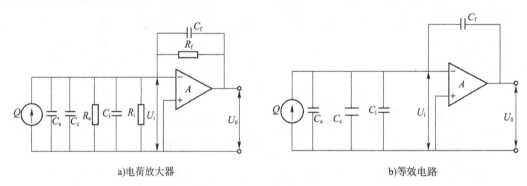

a)电荷放大器   b)等效电路

图 4-18 电荷放大器测量电路

图中 C_f 为放大器的反馈电容,其余符号的意义与电压放大器相同。由于放大器的输入阻抗 R_i 高达 $10^{10} \sim 10^{12} \Omega$,因此放大器的输入端几乎没有分流,当略去漏电阻,实际的等效电路如图 4-18b)所示,电荷 Q 只对反馈电容 C_f 充电,充电电压接近放大器的输入电压。

根据数学推算,有 $U_0 \approx -\dfrac{Q}{C_f}$,由此可以看出,电荷放大器输出电压与连接电缆电容无关。因此,电缆可以做得很长,可长达数百米,而灵敏度却无明显损失。这是电荷放大器的一个突出优点。

4.3.3 选择与使用

压电式传感器具有体积小、重量轻、结构简单、工作可靠等优点,适用于动态力学量的测量。选用时要考虑不同压电材料及外接电路的特性,以满足不同环境的测量要求。比如在温度变化较大的场合,适合选用温度稳定性好的石英晶体压电传感器;对于集成度要求较高的场合,可选用半导体压电传感器;需要远距离测量时,可选用电荷放大器外接电路进行检查,以减小电缆电容的影响。

选用时,对需要考虑其线性度、灵敏度、环境温度、湿度、电缆噪声、电磁效应等因素,只有综合考虑其影响因子,才能提高传感器的测量精度。

4.3.4 应用

压电传感器是一种典型的力敏元件,可用来测量能转换为力的多种物理量。常用于力或加速度的测量。

1) 玻璃破碎报警装置

玻璃破碎报警装置采用高分子压电薄膜振动感应片,将其粘贴在玻璃上,当玻璃遭暴力打碎的瞬间,会发出几千赫兹甚至更高频率的振动。压电薄膜感受到这一振动,并将这一振动转换成电压信号传送给报警系统。如图 4-19 所示。这种压电薄膜振动感应片体积很小且透明,不易察觉,所以可用于贵重物品、展馆、博物馆等橱窗的防盗报警。

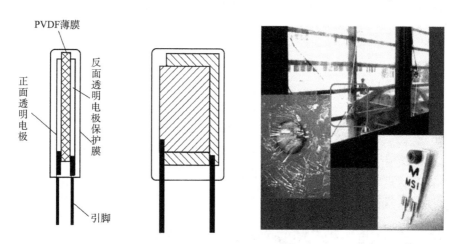

图 4-19 高分子压电薄膜振动感应片

2) 高分子压电电缆测速

图 4-20 为高分子压电电缆测量汽车的行驶速度示意图,两根高分子压电电缆 A、B 相距 L,平行埋设于公路路面下约 50mm。根据输出信号波形的幅度及时间间隔,可以测量汽车车速及其载质量,并根据存储在计算机内部的档案数据,根据汽车前后轮的距离 d 可判定汽车的车型。

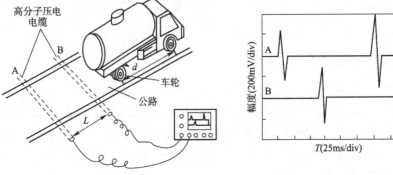

a) 高分子压电电缆铺设示意图　　　b) A、B压电电缆输出信号波形

图 4-20　高分子压电电缆测速原理图

4.4　电容式压力传感器

4.4.1　概述

电容式传感器元件是指能将被测物理量的变化转换为电容变化的一种传感元件,其测量原理框图如图 4-21 所示。

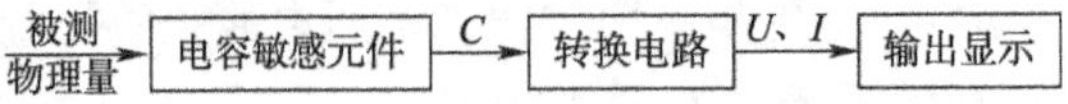

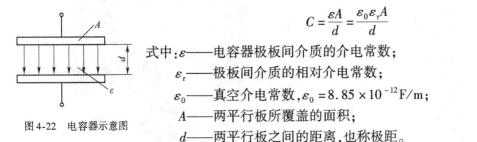

图 4-21　电容式传感器的测量原理框图

电容器可由两块平行金属极板构成,如图 4-22 所示。如果不考虑其边缘效应,则电容器的电容量为:

$$C = \frac{\varepsilon A}{d} = \frac{\varepsilon_0 \varepsilon_r A}{d} \tag{4-13}$$

式中:ε——电容器极板间介质的介电常数;

ε_r——极板间介质的相对介电常数;

ε_0——真空介电常数,$\varepsilon_0 = 8.85 \times 10^{-12}$ F/m;

A——两平行板所覆盖的面积;

d——两平行板之间的距离,也称极距。

图 4-22　电容器示意图

4.4.2　工作原理

由式(4-13)可知,电容 C 是 A、d、ε 的函数,即 $C=f(\varepsilon,d,A)$。

当 A、d、ε 改变时,电容量 C 也随之改变。若保持其中两个参数不变,通过被测量的变化改变其中一个参数,就可把被测量的变化转换为电容量的变化。这就是电容式传感器的基本工作原理。

电容式传感器的结构简单,分辨率高,工作可靠,易实现非接触测量,并能在高温、辐射、强烈振动等恶劣条件下工作,易于获得被测量与电容量变化的线性关系,可用于力、压力、压差、振动、位移、加速度、液位、料位、成分含量等测量。

电容式传感器根据工作原理不同,可分为变极距式、变面积式、变介电常数式三种。按极板形状不同有平板形和圆柱形两种。如图4-23所示为各种结构类型的电容式传感元件。

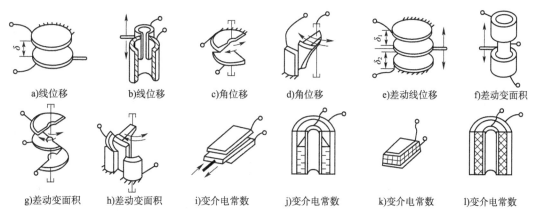

图4-23 电容式传感元件的各种结构类型图

1) 变极距式电容传感器

当电容器的介电常数 ε 和面积 A 不变,而只改变电容器两极板之间的距离 d 时,电容器的容量 C 将发生变化。利用电容器的这一特性制作的传感器,称为变极距式电容传感器。该类型的传感器常用于压力的测量。

如图4-24所示,设 ε 和 A 不变,初始状态下极板间隙为 d_0 时,电容器容量 C_0 为:

$$C_0 = \frac{\varepsilon A}{d_0} \quad (4-14)$$

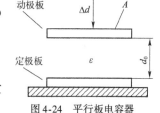

图4-24 平行板电容器

当电容器受外力作用,使极板间的间隙减小 Δd 后,其电容量变为 C_x,其大小为:

$$C_x = \frac{\varepsilon A}{d_0 - \Delta d} = \frac{C_0}{1 - \frac{\Delta d}{d_0}} = \frac{1 + \frac{\Delta d}{d_0}}{1 - \left(\frac{\Delta d}{d_0}\right)^2} C_0 \quad (4-15)$$

由式(4-15)可知,电容器 C 与极板间的距离 d 呈非线性关系,如图4-25所示。所以在工作时,动极板不能在整个间隙范围内变化,而是限制在一个较小的范围内,以使电容量的相对变化与间隙的相对变化接近线性。若 $\frac{\Delta d}{d_0} \ll 1$,则 $1 - \left(\frac{\Delta d}{d_0}\right)^2 \approx 1$,那么式(4-15)可简化为:

$$C_x = C_0 \left(1 + \frac{\Delta d}{d_0}\right) \quad (4-16)$$

所以有:

$$\Delta C = C_x - C_0 = C_0 \frac{\Delta d}{d_0} \quad (4-17)$$

图4-25 电容量 $C = f(d)$ 曲线

此时,电容量的相对变化与间隙的相对变化成正比。当 d 较小时,该类型的传感器灵敏度较高,微小的位移即可产生较大的电容变化量。同理,当外力使极板间距离增大时,电容量的相对变化为：

$$\Delta C = C_x - C_0 = -C_0 \frac{\Delta d}{d_0} \tag{4-18}$$

所以，变极距式电容器只有在 $\frac{\Delta d}{d_0}$ 很小时，才有近似的线性关系。为了提高测量的灵敏度，减小非线性误差，实际应用时常采用差动式结构。如图 4-26 所示，两个定极板对称安装，中间极板为动极板。当中间极板不受外力作用时，由于 $d_1 = d_2 = d_0$，所以 $C_1 = C_2$。当中间电极向上移动 x 时，C_1 增加，C_2 减小，总容量的变化量 ΔC 为：

$$\Delta C = C_1 - C_2 = C_0 \frac{2\Delta d}{d_0} \tag{4-19}$$

对比可知，差动式变极距电容传感器的输出灵敏度提高了一倍。

变极距式电容传感器的特点：起始电容在 20～100pF 之间，只能测量微小位移（微米级），$d_0 = 25 \sim 200 \mu m$，$\Delta d \ll \frac{1}{10} d_0$，但 d_0 过小时，电容容易击穿，可在极板间放置云母片来改善，如图 4-27 所示。云母片的相对介电常数式空气的 7 倍，击穿电压不小于 1000kV/mm，而空气仅为 3kV/mm。有了云母片，极板间起始间距可大大减小，传感器的输出线性度可得到改善。

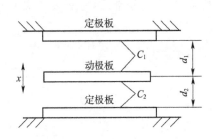

图 4-26 差动式电容器结构图

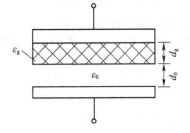

图 4-27 有绝缘介质的电容器结构图

2）变面积式电容传感器

若保持电容器的极距 d 和介电常数 ε 不变，只改变极板的相对面积 A，电容器的电容也发生变化，这就是变面积式电容传感器的工作原理。常见的结构外形如图 4-28 所示。

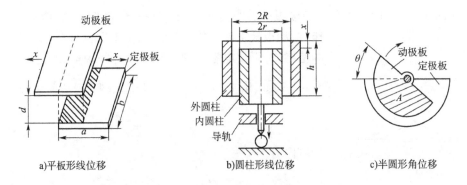

a）平板形线位移　　b）圆柱形线位移　　c）半圆形角位移

图 4-28 常见的变面积式电容传感器结构外形

（1）平板形变面积式电容传感器

对于图 4-28a)所示的平板形变面积式电容传感器，当动极板受到外力作用而产生位移

x 后，电容量由 C_0 变为 C_x，其中 $C_0 = \dfrac{\varepsilon A}{d} = \dfrac{\varepsilon ab}{d}$，因此有：

$$C_x = \frac{\varepsilon(a-x)b}{d} = C_0\left(\frac{a-x}{a}\right) = C_0\left(1-\frac{x}{a}\right) \tag{4-20}$$

电容量的相对变化为：

$$\Delta C = C_x - C_0 = -C_0\frac{x}{a} \tag{4-21}$$

由上式可知，平板形变面积式电容传感器电容的相对变化量与位移 x 呈线性关系。

(2) 圆柱形变面积式电容传感器

对于图 4-28b) 所示的圆柱形变面积式电容传感器，$C_0 = \dfrac{2\pi\varepsilon h}{\ln(R/r)}$，当外力使电容器的动极板（内圆柱）发生位移 x 后，电容器的电容量变为：

$$C_x = \frac{2\pi\varepsilon(h-x)}{\ln(R/r)} = C_0\left(1-\frac{x}{h}\right) \tag{4-22}$$

电容量的相对变化为：

$$\Delta C = C_x - C_0 = -C_0\frac{x}{h} \tag{4-23}$$

由上式可知，圆柱形变面积式电容位移传感器电容的相对变化量与位移 x 同样呈线性关系。

(3) 扇形变面积式电容传感器

对于图 4-28c) 所示的扇形变面积式电容传感器，当两块极板重合时 $C_0 = \dfrac{\varepsilon A_0}{d}$，当动极板转动 θ 角后，电容变为：

$$C_x = C_0\left(1-\frac{\theta}{\pi}\right) \tag{4-24}$$

电容量的相对变化为：

$$\Delta C = C_x - C_0 = -C_0\frac{\theta}{\pi} \tag{4-25}$$

可见，上述三种类型的变面积式电容传感器电容的相对变化与相对位移或角度的大小成正比，但方向相反，因为面积变化总是在减小。

变面积式电容传感器的特点：可以测量较大位移的变化，常为厘米级位移量。为了提高测量灵敏度，变面积式电容传感器也常做成差动式结构，如图 4-29 所示，这样其输出灵敏度可提高一倍。

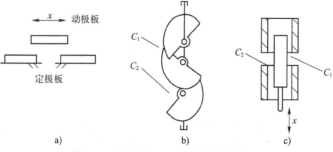

图 4-29　差动式变面积电容传感器结构图

3）变介电常数式电容传感器

若保持电容器的极距和面积不变,只改变电容器两极板间的电介质,使其介电常数发生变化,从而引起电容发生变化。这就是变介电常数式电容传感器的工作原理。此类传感器的结构形式很多,如图4-30所示。

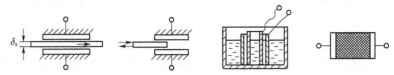

图4-30 变介电常数式电容传感器结构图

图4-31为介质位移变化的电容式传感器。这种传感器可用来测量物位或液位,也可测量位移。

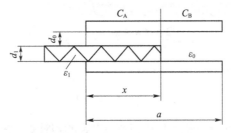

图4-31 变介质电容式传感器

假设电容器为平板式,极板长为 a、宽为 b,由数学关系可推知,极板间无介质 ε_1 时的电容量为：

$$C_0 = \frac{\varepsilon_0 ab}{d_0 + d_1} \tag{4-26}$$

当厚度为 d_1 的介质 ε_1 插入两极板 x 深度后,总电容为：

$$C_x = C_A + C_B$$

$$C_A = \frac{bx}{\dfrac{d_1}{\varepsilon_1} + \dfrac{d_0}{\varepsilon_0}}, \quad C_B = \frac{\varepsilon_0 b(a-x)}{d_1 + d_0}$$

则：

$$C_x = C_A + C_B = C_0 \left(1 + \frac{1 - \dfrac{\varepsilon_0}{\varepsilon_1}}{\dfrac{\varepsilon_0}{\varepsilon_1} + \dfrac{d_0}{d_1}} \right) \frac{x}{a} \tag{4-27}$$

电容的相对变化为：

$$\Delta C = C_x - C_0 = \frac{1 - \dfrac{\varepsilon_0}{\varepsilon_1}}{\dfrac{\varepsilon_0}{\varepsilon_1} + \dfrac{d_0}{d_1}} \frac{x}{a} C_0 \tag{4-28}$$

上式表明,电容量 C 与介质在极板间的位移 x 呈线性关系。由上述可知,也可测量介质的厚度 d_1。

如图 4-32 所示为电容式液位计原理图。在被测介质中放入两个同心圆柱状电极 1 和 2。设容器中被测液体的介电常数为 ε_1，液面上气体的介电常数为 ε_0，当容器内液面高度发生变化时，两极板间的电容也发生变化，总电容为气体介质间电容量和液体介质间电容量和。

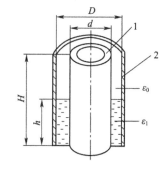

图 4-32 电容式液位计原理图

设气体介质间电容量为 C_0，则：

$$C_0 = \frac{2\pi(H-h)\varepsilon_0}{\ln\frac{D}{d}} \qquad (4\text{-}29)$$

液体介质间电容量 C_1 为：

$$C_1 = \frac{2\pi h \varepsilon_1}{\ln\frac{D}{d}} \qquad (4\text{-}30)$$

因此总电容为：

$$C = C_0 + C_1 = \frac{2\pi H \varepsilon_0}{\ln\frac{D}{d}} + \frac{2\pi h(\varepsilon_1 - \varepsilon_0)}{\ln\frac{D}{d}} \qquad (4\text{-}31)$$

式中：H——电容器极板高度（m）；

h——液面高度（m）；

D、d——圆柱形电极的内、外直径（m）；

ε_1——被测液体的介电常数；

ε_0——液面上气体的介电常数。

设 $a = \dfrac{2\pi H \varepsilon_0}{\ln\frac{D}{d}}$，$b = \dfrac{2\pi(\varepsilon_1 - \varepsilon_0)}{\ln\frac{D}{d}}$，则总电容可写作：

$$C = a + bh \qquad (4\text{-}32)$$

由此可见，输出电容与液面高度呈线性关系。

4.4.3 选择与使用

1）电容式传感器的测量转换电路

电容式传感器把被测物理量转换为电容变化后，还要经测量转换电路将电容量转换成电压或电流信号，以便记录、传输、显示、控制等。常见的电容式传感器测量转换电路有桥式电路、调频电路、运算放大器电路等。

（1）桥式测量电路

将电容式传感器接在电桥的一个桥臂或两个桥臂，其他桥臂可以是电阻、电容或电感，就可以构成单臂电桥或差动电桥，如图 4-33 所示。

设初始状态下 $Z_1 = Z_2 = Z_3 = Z_4 = Z$，此时电桥输出 $U_0 = 0$，当检测电容 C_x 发生变化时，电桥失去平衡，根据电桥的输出特点，对于图 4-33a）所示的单臂电桥，输出为：

$$U_0 \approx \frac{1}{4} \frac{\Delta C}{C_0} U_i \tag{4-33}$$

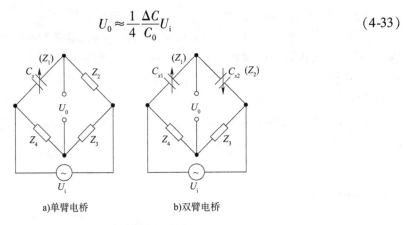

图 4-33 桥式测量电路

对于图 4-33b)所示的双臂电桥,当桥臂电容发生变化时,则输出为:

$$U_0 \approx \frac{1}{2} \frac{\Delta C}{C_0} U_i \tag{4-34}$$

由上式可知,电桥的输出与电容的相对变化量成正比,且差动电桥的输出是单臂电桥的两倍。根据电桥的输出特点,当电桥为 4 等臂接法时,电桥的输出灵敏度最大。

(2) 调频电路

将电容式传感器接入高频振荡器的 LC 谐振回路中,作为回路的一部分。当被测量变化使传感器电容改变时,振荡器的振荡频率随之改变,即振荡器频率受传感器的电容所调制,因此称为调频电路。调频振荡器的振荡频率由下式确定:

$$f = \frac{1}{2\pi\sqrt{LC}} \tag{4-35}$$

式中:L——振荡回路的电感(H);

C——振荡回路的总电容(F)。

C 是传感器电容、谐振回路中微调电容和电缆分布电容之和。图 4-34 是两种调频电路的原理框图。

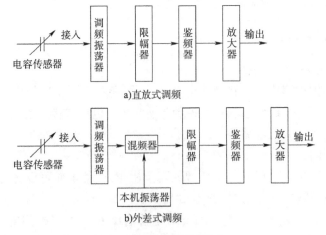

图 4-34 调频电路系统原理框图

(3) 运算放大器测量电路

将电容式传感器接入开环放大倍数为 A 的运算放大电路中,作为电路的反馈组件,如图 4-35 所示。图中 U_i 是交流电压,C_0 是固定电容,C_x 是传感器电容,U_0 是放大器输出电压。由运算放大器的工作原理可得:

$$U_0 = -\frac{C_0}{C_x}U_i \tag{4-36}$$

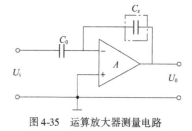

图 4-35 运算放大器测量电路

对于平板式电容器有 $C_x = \dfrac{\varepsilon A}{d_x}$,则有:

$$U_0 = -\frac{C_0}{C_x}U_i = -\frac{C_0 U_i}{\varepsilon A}d_x \tag{4-37}$$

由上式可知,运算放大器的输出电压与极板间距呈线性关系,式中符号"-"表示输出与输入电压反向。运算放大器电路从原理上解决了变极距式电容传感器的非线性问题,但要求放大器的开环放大倍数和输入阻抗足够大。为了保证仪器的准确度,还要求电源的电压幅值和固定电容的容量稳定。

2) 电容式传感器的特点

(1) 结构简单,适应性强

电容式传感器结构简单,易于制造,精度高;可以做得很小,以实现某些特殊的测量;电容式传感器一般用金属作电极,以无机材料作绝缘支承,因此可在高低温、强辐射及强磁场等恶劣的环境中工作,能承受很大的温度变化,承受高压力、高冲击、过载等;能测超高压和低压差。

(2) 动态响应好

电容式传感器由于极板间的静电引力很小,需要的作用能量极小,可动部分可以做得小而薄,质量轻,因此固有频率高,动态响应时间短,能在几兆赫的频率下工作,特别适合于动态测量;可以用较高频率供电,因此系统工作频率高。它可用于测量高速变化的参数,如振动等。

(3) 分辨率高

由于传感器的带电极板间的引力极小,需要输入能量低,所以特别适合于用来解决输入能量低的问题,如测量极小的压力、力和很小的加速度、位移等,可以做得很灵敏,分辨力非常高,能感受 $0.001\mu m$ 甚至更小的位移。

(4) 温度稳定性好

电容式传感器的电容值一般与电极材料无关,有利于选择温度系数低的材料,又由于本身发热极小,因此影响稳定性也极微小。

(5) 可实现非接触测量、具有平均效应

如回转轴的振动或偏心、小型滚珠轴承的径向间隙等,采用非接触测量时,电容式传感器具有平均效应,可以减小工件表面粗糙度等对测量的影响。

不足之处是输出阻抗高,负载能力差,电容传感器的电容量受其电极几何尺寸等限制,一般为几十皮法到几百皮法,使传感器输出阻抗很高,尤其当采用音频范围内的交流电源时,输出阻抗更高,因此传感器负载能力差,易受外界干扰影响而产生不稳定现象;寄生电容影响大,电容式传感器的初始电容量很小,而传感器的引线电缆电容、测量电路的杂散电容以及传感器极板与其周围导体构成的电容等"寄生电容"却较大,降低了传感器的灵敏度,破坏了稳定性,影响测量精度,因此对电缆的选择、安装、接法都要有要求。

4.4.4 应用

电容式传感器可用来测量直线位移、角位移、振动振幅(测至 $0.05\mu m$ 的微小振幅),尤其适合测量高频振动振幅、精密轴系回转精度、加速度等机械量,还可用来测量压力、差压力、液位、料面、粮食中的水分含量、非金属材料的涂层和油膜厚度,测量电介质的湿度、密度、厚度等。在自动检测和控制系统中也常常用来作为位置信号发生器。

1)电容式压力传感器

电容式压力传感器不仅应用于压力、差压、物位等热工参数的测量,也广泛用于位移、振动、荷重的机械量的测量。

如图 4-36 所示为差动式电容压力传感器的结构原理图。图中所示膜片为动电极,两个在凹形玻璃上的金属镀层为固定电极,从而构成差动电容器。将两个电容分别接在电桥的两个桥臂上,构成差动电桥。

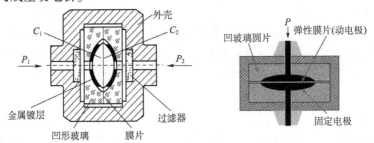

图 4-36 差动电容式压力传感器结构图

2)电容式加速度传感器

如图 4-37 所示为差动电容式加速度传感器结构图,它的两个固定电极与壳体绝缘,中间有一个用弹簧支撑的质量块,质量块的两端面经磨平抛光作为电容器的动极板与壳体相连。使用时,将传感器固定在被测物体上,当被测物体振动时,传感器随被测物体一起振动,质量块在惯性空间中相对静止,而两个定电极相对于质量块在垂直方向产生位移的变化,从而使两个电容器极板间距发生变化。

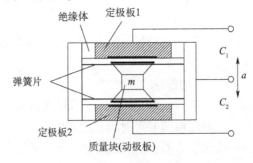

图 4-37 差动电容式加速度传感器结构图

3）电容式荷重传感器

如图 4-38 所示为电容式荷重传感器结构示意图。它是在镍铬钼钢块上加工出一排等尺寸等间距的圆孔，在圆孔内壁上粘贴上有绝缘支架的平板式电容器，再将每个电容器并联连接。当钢块上有外力作用时，将产生变形，导致圆孔中的电容器极板间距发生变化，从而使电容器的电容量发生变化，电容的变化量与作用力成正比。

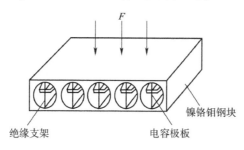

图 4-38　电容式荷重传感器结构图

4.5　电感式压力传感器

4.5.1　概述

电感式传感器的基本原理是电磁感应原理，即利用电磁感应将被测非电量（如压力、位移等）转换为电感量的变化输出，再经测量转换电路，将电感量的变化转换为电压或电流的变化，从而实现非电量测量。如图 4-39 所示为电感式传感器的工作原理框图。

图 4-39　电感式传感器工作原理框图

电感式传感器的结构简单、工作可靠、灵敏度高、分辨率大，能测出 $0.1\mu m$ 甚至更小的机械位移变化，测量准确度高，线性度好，可以把输入的各种机械物理量如位移、振动、压力、应变、流量、比重等参数转换为电量输出，因而在工程实践中应用十分广泛。但电感式传感器自身频率响应低，不适用于快速动态参数的测量。

根据信号的转换原理，电感式传感器可以分为自感式和互感式两大类，主要有变气隙式电感传感器、差动螺线管式电感传感器、差动变压器式电感传感器、电涡流式电感传感器等。本节主要介绍自感式、互感式电感传感器。

4.5.2　工作原理

1）自感式电感传感器

自感式电感传感器，也称变磁阻式电感传感器，常见的有变隙式、变截面式、螺线管式及差动式四种。自感式电感传感器常用来测量位移，主要由线圈、铁心、衔铁等组成，如图 4-40 所示。

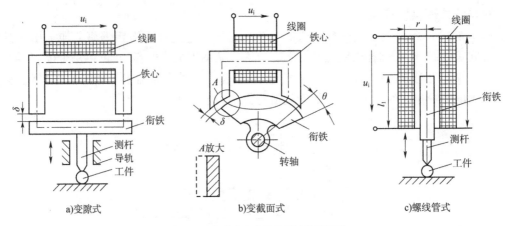

图 4-40 自感式电感传感器结构示意图

a)变隙式   b)变截面式   c)螺线管式

（1）自感式传感器的工作原理

自感式传感器是利用自感量随气隙变化而改变的原理制成的，图 4-41 是最简单的自感式传感器，当衔铁受到外力而产生位移时，磁路中气隙的磁阻发生变化，从而引起线圈的电感变化，其电感量的变化与衔铁位置相对应。因此，只要能测出电感量的变化，就能判定衔铁位移量的大小，这就是自感式传感器的基本工作原理。

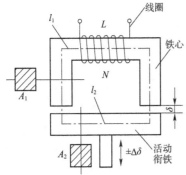

图 4-41 自感式传感器的结构

根据磁路的基本知识，线圈的自感为：

$$L = \frac{N^2}{R_m} \tag{4-38}$$

式中：N——线圈的匝数；

R_m——磁路总磁阻（H^{-1}）。

对于图 4-41，因为气隙厚度 δ 较小，可以认为气隙磁场是均匀的，故磁路中的总磁阻为铁心磁阻、衔铁磁阻和空气隙磁阻之和。

$$R_m = \frac{l_1}{\mu_1 A_1} + \frac{l_2}{\mu_2 A_2} + \frac{2\delta}{\mu_0 A_0} \tag{4-39}$$

式中：l_1、l_2——各段导磁体的长度（m）；

μ_1、μ_2——各段导磁体的磁导率（H/m）；

A_1、A_2——各段导磁体的截面积（m^2）；

δ——空气隙的厚度（m）；

μ_0——空气磁导率，$\mu_0 = 4\pi \times 10^{-7}$ H/m；

A_0——空气隙有效截面积（m^2）。

由于导磁体的磁导率远远大于空气的磁导率，即 $\mu_1 \gg \mu_0$ 和 $\mu_2 \gg \mu_0$，所以铁心磁阻、衔接磁阻远远小于空气气隙磁阻，即 $\frac{l_1}{\mu_1 A_1}$、$\frac{l_2}{\mu_2 A_2} \ll \frac{2\delta}{\mu_0 A_0}$，所以上式可以写为：

$$R_m \approx \frac{2\delta}{\mu_0 A_0} \tag{4-40}$$

将上式带入式(4-38)得：

$$L = \frac{N^2}{R_m} = \frac{N^2 \mu_0 A_0}{2\delta} \tag{4-41}$$

上式表明，自感 L 是气隙厚度和气隙有效截面积 A_0 的函数，即 $L = f(\delta, A_0)$。

① 保持 A_0 不变，则 L 为 δ 的单值函数，可构成变气隙式电感传感器。

② 保持 δ 不变，使 A_0 随位移而变化，则可构成变截面积式电感传感器。

在线圈匝数 N 确定后，如保持气隙有效截面积 A_0 为常数，则 $L = f(\delta)$，这就是变气隙式电感式传感器的工作原理。它的特性曲线如图 4-42 所示。输入、输出呈非线性关系。

当衔铁受到外力作用使气隙厚度减小 $\Delta\delta$ 时，线圈电感量变为（设初始条件下 $\delta = \delta_0$）：

$$L_x = \frac{N^2 \mu_0 A_0}{2(\delta_0 - \Delta\delta)} = L_0 \frac{\delta_0}{\delta_0 - \Delta\delta} = L_0 \frac{1 + \frac{\Delta\delta}{\delta_0}}{1 - \left(\frac{\Delta\delta}{\delta_0}\right)^2} \tag{4-42}$$

当 $\Delta\delta \ll \delta_0$ 时，$1 - \left(\frac{\Delta\delta}{\delta_0}\right)^2 \approx 1$，所以电感的相对变化量为：

$$\Delta L = L_x - L_0 \approx L_0 \frac{\Delta\delta}{\delta_0} \tag{4-43}$$

同理，当衔铁受到外力的作用，使气隙变大时，电感的相对变化量为：

$$\Delta L = L_x - L_0 \approx -L_0 \frac{\Delta\delta}{\delta_0} \tag{4-44}$$

为了保证一定的线性度，变隙式电感传感器仅能工作在很小一段区域内，因而只能用于微小位移的测量，一般取 $\delta_0 = 0.1 \sim 0.5\text{mm}, \Delta\delta = 0.1 \sim 0.2\delta_0$。实际应用时，为了减小非线性误差，提高测量灵敏度，常采用差动测量技术，如图 4-43 所示。衔铁随被测量移动而偏离中间位置，使两个磁回路中的磁阻发生大小相等、符号相反的变化，导致一个线圈的电感量增加，另一个线圈的电感量则减小，形成差动形式。电感的相对变化量为：

$$\Delta L = 2L_0 \frac{\Delta\delta}{\delta_0} \tag{4-45}$$

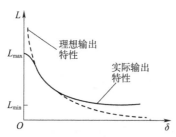

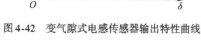

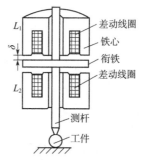

图 4-42　变气隙式电感传感器输出特性曲线　　图 4-43　差动式电感传感器

由上式可知，差动式输出是单线圈输出的 2 倍，从而减小了非线性误差，提高了测量准确度。

(2) 自感式传感器的测量转换电路

自感式传感器实现了将被测非电量转变为电感量的变化，为了方便后续电路的处理和测量，还需要转换电路将电感量的变化转换为容易测量的电压或电流信号。常用的测量转换电路有桥式测量电路、调幅、调频、调相电路。在自感式传感器中，用得较多的是桥式测量电路和调幅电路。

①交流电桥测量电路。交流电桥是电感式传感器的主要测量电路，它的作用是将线圈电感的变化转换为电桥电路的电压或电流输出。

前面已提到差动式结构可以提高灵敏度，改善非线性，所以交流电桥也多采用双臂工作形式。如图4-44所示是交流电桥测量电路，通常将传感器作为电桥的两个工作臂，电桥的平衡臂可以是纯电阻，也可以是变压器的二次绕组。

图中 Z_1、Z_2 为传感器阻抗，$Z_1 = R_1 + j\omega L_1$，$Z_2 = R_2 + j\omega L_2$，其中，R_1、R_2 为单个线圈的铜电阻，L_1、L_2 为单个线圈的电感。

当衔铁处于中间位置时，电桥平衡。

$Z_1 = Z_2 = Z_0 = R_0 + j\omega L_0$，$Z_3 = Z_4 = Z$，当衔铁受力而发生位移时，其中一个线圈电感量增加，另一个减小，其变化量大小相等，反向相反，设 $Z_1 = Z_0 + \Delta Z$、$Z_2 = Z_0 - \Delta Z$，电桥的输出为：

$$U_0 = \frac{Z_1}{Z_1 + Z_2} U_i - \frac{Z_4}{Z_3 + Z_4} U_i = \frac{1}{2} \frac{\Delta Z}{Z_0} U_i = \frac{1}{2} \frac{jw\Delta L}{R_0 + jwL_0} U_i \quad (4-46)$$

设 $Q = \frac{\omega L_0}{R_0}$ 为电感式传感器的品质因数，因为 Q 值一般很大，即 $R_0 \ll \omega L_0$，所以上式可以写为：

$$U = \frac{1}{2} \frac{\Delta Z}{Z_0} U_i = \frac{1}{2} \frac{jw\Delta L}{R_0 + jwL_0} U_i \approx \frac{1}{2} \frac{\Delta L}{L_0} U_i = \frac{1}{2} \frac{\Delta \delta}{\delta_0} U_i \quad (4-47)$$

由上式可知，交流电桥的输出电压与传感器线圈电感的相对变化量是成正比的，与气隙的变化量也成正比。

②变压器式交流电桥。如图4-45所示是变压器式交流电桥测量电路，相邻两工作臂 Z_1、Z_2 是差动电感式传感器的两个线圈阻抗，另两臂阻抗为变压器的次级绕组阻抗的1/2。当负载阻抗为无穷大时，桥路输出电压为：

$$U_0 = U_{AB} - U_{DB} = \frac{Z_2}{Z_1 + Z_2} U_i - \frac{1}{2} U_i = \frac{U_i}{2} \frac{Z_2 - Z_1}{Z_1 + Z_2} \quad (4-48)$$

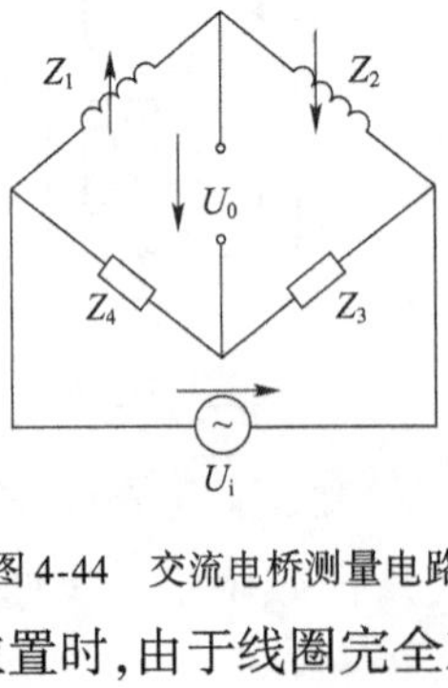

图4-44 交流电桥测量电路 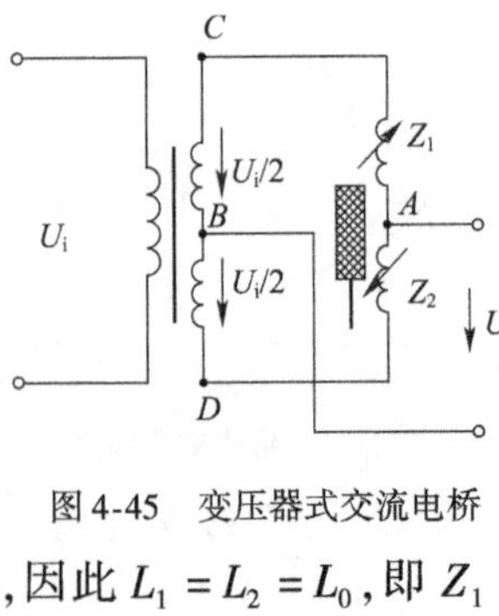　　图4-45 变压器式交流电桥

衔铁处于中间位置时，由于线圈完全对称，因此 $L_1 = L_2 = L_0$，即 $Z_1 = Z_2 = Z_0$，电桥平衡，输出电压 $U_0 = 0$。

当衔铁上、下移动时，$L_1 = L_0 \pm \Delta L$、$L_2 = L_0 \mp \Delta L$，即 $Z_1 = Z_0 \pm \Delta Z$、$Z_2 = \mp \Delta Z$，输出电压为：

$$U_0 = \mp \frac{U_i}{2} \frac{\Delta Z}{Z_0} = \mp \frac{U_i}{2} \frac{\Delta L}{L_0} = \mp \frac{U_i}{2} \frac{\Delta \delta}{\delta_0} \qquad (4\text{-}49)$$

上式的输出电压反映了传感器线圈阻抗的变化,当衔铁上、下移动时,输出电压相位相反。由于输出的是交流信号,无法判断位移的方向,还要经过相敏检波电路才能判别衔铁位移的大小及方向。

2)互感式电感传感器—差动变压器式传感器

互感式电感传感器是把被测量的变化转换为线圈的互感变化,其本身就是一个变压器,有一次绕组和二次绕组。一次侧接入激励电源后,二次侧因互感而产生电压输出。当绕组间互感随被测量变化时,输出电压将产生相应的变化。这种传感器的二次绕组一般有两个,接线方式又是差动的,故又称为差动变压器式传感器。其结构形式较多,在非电量测量中,常采用螺线管式差动变压器。

(1)工作原理

如图4-46所示是螺线管式差动变压器的结构,它主要由一个一次绕组、两个二次绕组、活动衔铁及导磁外壳组成。

图4-47是理想的螺线管式差动变压器的原理图,变压器的输出为:

$$U_0 = E_{21} - E_{22} \qquad (4\text{-}50)$$

又因为:

$$E_{21} = -j\omega M_1 I_i, \quad E_{22} = -j\omega M_2 I_i$$

所以

$$U_0 = E_{21} - E_{22} = jw(M_1 - M_2)I_i \qquad (4\text{-}51)$$

式中:E_{21}、E_{22}——二次绕组 N_{21}、N_{22} 中产生的感应电动势;

M_1、M_2——一次绕组与两个二次绕组的互感系数;

I_i——一次绕组激励电流。

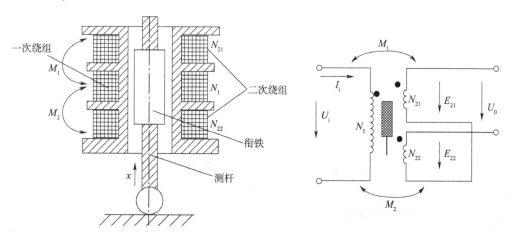

图4-46 螺线管式差动变压器的结构图　　图4-47 螺线管式差动变压器原理图

若工艺上保证变压器结构完全对称,则当活动衔铁处于中间平衡位置时,必然会使两个二次绕组磁回路相等,磁通相同,互感系数 $M_1 = M_2 = M$。根据电磁感应原理,由于两个二次绕组反向串联,因而差动变压器输出电压为零。

当活动衔铁向二次绕组 N_{21} 方向（向上）移动时，$M_1 = M + \Delta M, M_2 = M - \Delta M$。变压器的输出为：

$$U_0 = jw(M_2 - M_1)I_i = -2jw\Delta M I_i \tag{4-52}$$

当活动衔铁向二次绕组 N_{22} 方向（向下）移动时，$M_1 = M - \Delta M, M_2 = M + \Delta M$。变压器的输出为：

$$U_0 = jw(M_2 - M_1)I_i = 2jw\Delta M I_i \tag{4-53}$$

上两式中的正负号表示输出电压与激励电压同相或反相。

应该指出的是，当衔铁处于初始平衡位置时，变压器的输出并不等于零，而是有一个很小的电压输出，如图4-48所示，这个输出称为零点残余电压。这主要是由于差动变压器的两个二次绕组的电气参数和几何尺寸的不对称造成的。另外，导磁材料存在铁损、不均质、一次绕组有铜损耗电阻，线圈间存在寄生电容，这均使差动变压器的输入电流与磁通不同相。可采用提高加工工艺精度以及外电路补偿法来减小零点残余电压。

（2）测量电路

差动变压器的输出电压可直接用交流电压表接在反相串联的两个二次绕组上测量，如图4-49所示，图中 R_1、R_2 是桥臂电阻，RP 是调零电位器。当不考虑电位器 RP 时，设 $R_1 = R_2$，根据数学推算，输出电压为：

$$U_0 = \frac{E_{21} - (-E_{22})}{R_1 + R_2}R_2 - E_{22} = \frac{1}{2}(E_{21} - E_{22}) \tag{4-54}$$

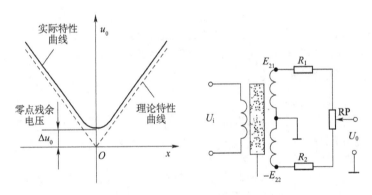

图4-48 差动变压器输出特性曲线　　图4-49 反向串联电桥电路

由上述分析可知，电桥输出是差动变压器输出的1/2，但其优点是可利用调零电位器 RP 进行调零，不再需要另配调零电路。但由于差动变压器输出的是交流电压，若用交流电压表直接测量，只能反映衔铁位移的大小，而不能反映移动反向。另外，其测量值中将包含零点残余电压。为了达到能辨别移动方向及消除零点残余电压的目的，实际测量时，常采用差动整流电路和相敏检波电路，如图4-50所示。这种电路是把差动变压器的两个二次绕组的输出电压分别整流，然后将整流电压或电流的差值作为输出，再经滤波放大电路，输出直流电压。图中的 RP 是调零电位器。

差动变压器式传感器的特点是：结构简单、灵敏度高、测量准确度高、性能可靠、测量范围宽，可以测量 1～100mm 的机械位移。

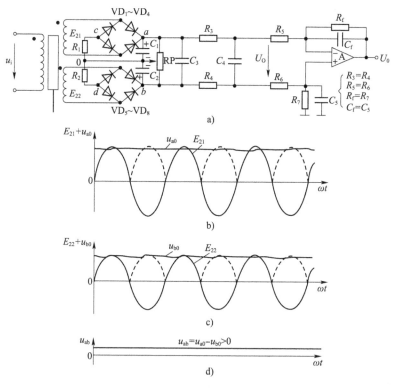

图4-50 差动整流滤波电路

4.5.3 选择与使用

由于电感式传感器的主要工作原理是电磁感应,在选用时要考虑技术参数、铁心材料、电源频率、现场干扰等因素。

1)方案选择

在选择方案之前应首先弄清给定的技术指标,如示值范围、示值误差、分辨力、重复性误差、时漂、温漂、使用环境等。

2)铁心材料的选择

铁心材料选择的主要依据是要具有较高的磁导率,较高的饱和磁感应强度和较小的磁滞损耗,剩磁和矫顽磁力都要小。另外,还要求电阻率大,居里点温度高,磁性能稳定,便于加工等。常用导磁材料有铁氧体、铁镍合金、硅钢片和纯铁。

3)电源频率的选择

提高电源频率有下列优点:能提高线圈的品质因数;灵敏度有一定的提高;适当提高频率还有利于放大器的设计。但是,过高的电源频率也会带来缺点,如铁心涡流损耗增加;导线的集肤效应等会使灵敏度减低;增加寄生电容(包括线圈匝间电容)以及外界干扰的影响。

4)现场抗干扰能力

这个是不容忽视的问题,普通电感式传感器容易被电机或变频器干扰,很多技术人员只对在此附近的应用选择相应强抗电磁干扰的传感器。但在一些较大的制造车间,现场技术人员习惯使用对讲机沟通,尤其是边走边用对讲机对话时,会不经意地靠近传感器,导致短暂失效。

4.5.4 应用

电感传感器不仅可以直接测量位移的变化,也可以测量与位移有关的任何机械量,如振动、加速度、应变、压力、张力、比重、厚度等参数。

1)振动与加速度测量

如图4-51所示为测量加速度的差动变压器原理及结构图,传感器由悬臂梁和差动变压器构成。悬臂梁起支撑与动平衡作用。测量时,将衔铁与被测振动体相连,其他部位固定。当被测体发生振动时,衔铁随着一起振动,从而使差动变压器的输出电压发生变化,输出电压的大小及频率与振动物体的振幅与频率有关。

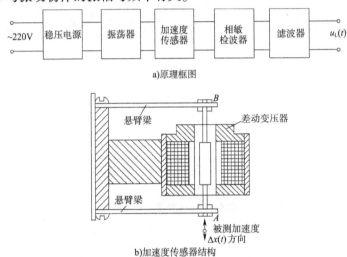

图4-51 差动变压器式加速度传感器结构原理图

2)差动压力传感器

如图4-52所示为差动压力传感器结构原理图。它是用于测量各种生产流程中液体、水蒸气及气体压力等。传感器的敏感元件为波纹膜盒,差动变压器的衔铁与膜盒相连。

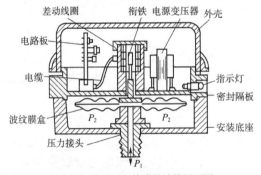

图4-52 差动压力传感器结构原理图

3)力平衡式差压计

利用差动变压器和弹性敏感元件相结合,可以组成开环的压力传感器和闭环的力平衡式压力计。如图4-53所示为力平衡式差压计电路图。从图中可见,力平衡式差压计的传感器实际上是一个差动变压器测量电路,图中N_1、N_{21}、N_{22}分别为差动变压器初级线圈和两个次级线圈，VD_1、VD_2 和 C 为半波整流电容滤波电路。当活动衔铁处于中间位置时，膜盒亦在正中间，此时膜盒的上、下压力相同，即 $p_1 = p_2$ 时，差动变压器输出电压 $U = 0$。当 p_1 和 p_2 大小不同时，膜盒产生位移，从而带动固定在膜盒上的差动变压器的衔铁移位，使差动变压器输出电压 $U \neq 0$，其大小和极性即表示活动衔铁位移的大小和方向，从而可测出 p_1 与 p_2 的压力差。

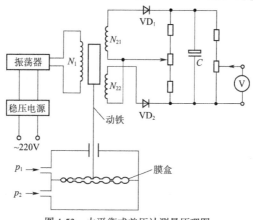

图 4-53 力平衡式差压计测量原理图

4.6 力、压力传感器技术参数及故障检测

压力传感器的种类繁多，其性能也有较大的差异，如何选择较为适用的传感器，做到经济、合理，需要根据现场需要及其参数进行合理选择。

1）压力传感器的主要技术参数

（1）额定压力范围。额定压力范围是满足标准规定值的压力范围。也就是在最高和最低压力之间，传感器输出符合工作特性的压力范围。在实际应用时，传感器所测压力应在该范围内。现在传感器的最高测量范围能够达到 300MPa 以上。

（2）最大压力范围。最大压力范围是指传感器能长时间承受的最大压力，且不引起输出特性永久性改变。特别是半导体压力传感器，为提高线性和温度特性，一般都大幅度减小额定压力范围。因此，即使在额定压力以上连续使用也不会被损坏。一般最大压力是额定压力最高值的 2~3 倍。

（3）损坏压力。损坏压力是指能够加工在传感器上且不使传感器元件或传感器外壳损坏的最大压力。

（4）线性度。线性度是指在工作压力范围内，传感器输出与压力之间直线关系的最大偏离。

（5）压力迟滞。为在室温下及工作压力范围内，从最小工作压力和最大工作压力趋近某一压力时，传感器输出之差。

（6）温度范围。压力传感器的温度范围分为补偿温度范围和工作温度范围。补偿温度范围是由于施加了温度补偿，精度进入额定范围内的温度范围。工作温度范围是保证压力传感器能正常工作的温度范围。

2）压力传感器的故障检测

压力传感器及压力变送器出现的故障都会引起变送器输出不正常或测量不准确，但经过细心检查,严格按照压力传感器使用说明书使用和安装,及时采取有效措施,问题都可以排除,对不能处理的故障,应将变送器送到实验室或生产厂家做进一步检查。在故障处理时,应注意以下几点:

(1)引压孔堵塞或孔板、远传测量接头等安装形式不对,取压点不合理。

(2)引压管泄漏或堵塞,充液管里有残存气体或充气管里有残存液体,测量时容易形成测量死区。

(3)变送器接线不正确,电源电压过高或过低,指示表头与仪表接线端子连接处接触不良。

(4)没有严格按照压力传感器使用说明书要求安装,安装方式和现场环境不符合技术要求。

本章小结

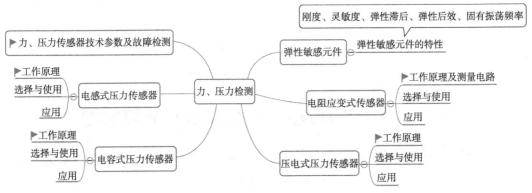

习题

1. 弹性敏感元件的作用是什么?其分类有几种?各有何特点?
2. 应变片产生温度误差的原因是什么?补偿温度误差的方法?
3. 电阻应变式传感器的工作原理是什么?它是如何测量试件应变的?
4. 根据电容式传感器的工作原理分为几种类型?各有什么特点?适用于什么场合?
5. 什么叫正压电效应?哪些传感器是利用该效应原理工作的?
6. 什么是逆压电效应?
7. 画出压电元件的两种等效电路,简述其等效原理。
8. 电感式传感器有哪些种类,它们的工作原理是什么?
9. 如图所示为一直流应变电桥。当 $U_i=5V, R_1=R_2=R_3=R_4=100\Omega$ 时,试求:

(1) R_1 为金属应变片,其余为外接电阻,当 R_1 变化量为 $\Delta R_1 = 1\Omega$ 时,电桥输出电压 U_0 是多少?

(2) R_1、R_2 都是应变片,且批号相同,感受应变的极性和大小都相同,其余为外接电阻,电桥的输出电压 U_0 是多少?

(3) 题(2)中,如果 R_1、R_2 感受应变的极性相反,且 $|\Delta R_1|=|\Delta R_2|=1\Omega$,电桥的输出电压 U_0 是多少?

(4) 由题(1)~题(3)能得出什么结论与推论?

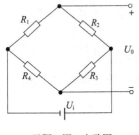

习题9图　电路图

第 5 章 光电式传感器

> **学习目的**
> - ◆ 掌握光电元件的分类以及工作原理；
> - ◆ 掌握光纤传感器工作原理，并学会选择合适的检测传感器；
> - ◆ 了解光纤传感器、红外传感器的应用；
> - ◆ 了解光电式传感器常见故障。

一般情况下，我们很难通过物体表面光的变化而获取到其中有效的控制信息，而光电式传感器可以作为一种特殊的转换装置将非电量的变化转换成光信号的变化，再经过一系列处理，形成便于人们理解的电信号呈现。光电式传感器是对被测对象进行线性计量并不与被测物进行直接接触的仪器，具有高精度、高分辨率、高可靠性、非接触、响应快和结构简单等特点，这在一定程度上拓展了光电式传感器的应用。

5.1 光电效应及光电器件

5.1.1 光电效应

光电传感器一般由光源、光学元件及光电元件三部分组成，其中，光电元件是构成光电式传感器最主要的部件。其工作过程示意框图如图 5-1 所示，被测量作用于光源或者光学元件，从而引起光量的变化。传感器正常工作时，光源以某种方式发射承载信息的光信号，经光学元件滤光处理后，光电元件将光信号转换成微弱的电信号，测量电路再根据需要对微弱的电信号进行整形、放大，最终实现信息的传递、隔离和转换。

图 5-1 光电式传感器的工作过程示意框图

光电传感器进行非电量测量的物理基础是光电效应。图 5-2 是光电效应的示意图，在光线作用下，物体中的电子吸收光能量，导致物体的电学性质发生了变化，这种物理现象称为光电效应。根据产生电效应的不同，大致可以分为：外光电效应、内光电效应以及光生伏特效应。

1）外光电效应

物体在光线作用下，内部电子吸收能量后，逸出物体

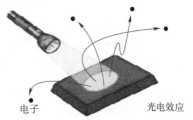

图 5-2 光电效应示意图

表面的现象称为外光电效应。具有外光电效应的光电器件有光电管、光电倍增管等。外光电效应可用著名的爱因斯坦光电方程来表示，如式(5-1)所示：

$$\frac{1}{2}mv_0^2 = hf - W \tag{5-1}$$

式中：v——电子逸出物体表面的速度；
$\quad\quad m$——电子质量；
$\quad\quad W$——金属表面对电子的束缚(逸出功)。

众所周知，光子是具有能量的粒子，每个光子具有的能量由式(5-2)确定：

$$E = hf \tag{5-2}$$

式中：h——普朗克常数；
$\quad\quad f$——光的频率。

由式(5-1)和式(5-2)可知，物体在光的照射下，光子以电子流的形式进行移动，电子的能量随光波频率的增大而增大，电子吸收光照所释放的能量后，一部分用于挣脱正离子的束缚，另一部分能量被保存下来作为自身运动的能量，由此可知：

(1) 光电子能否产生，取决于光子的能量是否大于该物体的表面电子逸出功 W。

(2) 入射光频谱成分一定时，产生的光电流和光强成正比。

(3) 逸出的光电子具有动能。

2) 内光电效应

当光照在物体上，使物体的电导率发生变化或产生光生电动势的现象称为内光电效应。内光电效应又可分为以下两类：

(1) 光电导效应。在光线作用下，电子吸收光子能量从键合状态过渡到自由状态，而引起材料电导率变化的现象即光电导效应。在受光条件下以本征半导体为材料的光电导体原处于价带上的电子移至导带，该现象发生的条件是光电导体所受光照辐射较强。这一过程引起了导带上的电子数目增多以及价带上的空穴数目增加，导体的导电能力增强。如图 5-3 所示。

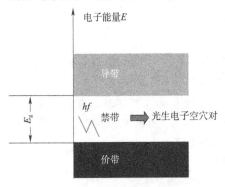

图 5-3 光电导效应示意图

(2) 光生伏特效应。在光作用下能使物体产生一定方向电动势的现象称为光生伏特效应，又称阻挡层光电效应。基于该效应的光电器件主要有光电池和光电晶体管。结光电效应和侧向光电效应是光生伏特效应的两种类型。

① 结光电效应(势垒效应)

当有光照射 PN 结时，若 $hf \geq E_g$，使价带中的电子跃迁到导带，而产生电子空穴对，在阻挡层内电场的作用下，电子偏向 N 区外侧，空穴偏向 P 区外侧，使 P 区带正电，N 区带负电，形成光生电动势。其原理示意图如图 5-4 所示。

② 侧向光电效应

当半导体光电器件受不均匀光照时，半导体中的载流子浓度会呈现一定的差异，其形成的梯度是侧向光电效应产生的重要原因。光照部分吸收入射光子的能量产生电子空穴对,光照部分载流子浓度比未受光照部分的大,就出现浓度梯度,因而载流子要扩散。其原理如图 5-5 所示。

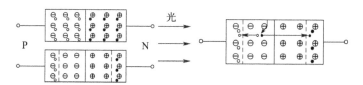

图 5-4 PN 结光电效应原理图

5.1.2 常用的光电器件

1) 基于外光电效应的光电器件

这种光电器是基于外光电效应制成的,一般都是真空或充气的,比如光电管和光电倍增管。

(1) 光电管

①结构与工作原理

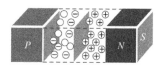

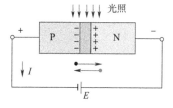

图 5-5 PN 结侧向光电效应原理图

光电管的结构图如图 5-6 所示,它由一个光电阴极 K 和一个光电阳极 A 构成,并密封在一支真空玻璃管内。光电管的阴极是接受光的照射,它决定了器件的光电特性;阳极由金属丝做成,用于收集电子。

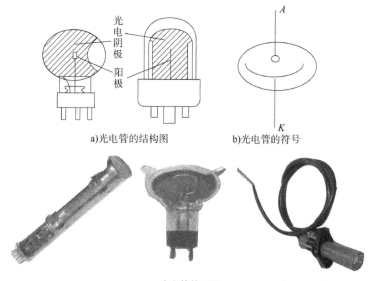

图 5-6 光电管

光电管正常工作时,阳极电位高于阴极电位。当阴极受到适当波长的光线照射时,电子克服金属表面的束缚,逸出金属表面,形成电子发射,这种电子称为光电子。当光电管阳极加上适当电压(几十伏)时,从阴极表面逸出的电子被带正电压的阳极所吸引,在光电管内就有了电子流,在外电路中便产生了电流,称为光电流 I_Φ。若在外电路中串联一只合适的电阻,则负载电阻 R_L 上的输出电压 U_{out} 正比于电流,从而将电路中的电流转换为电阻上的电压,实现了光电转换,如图5-7所示。

②光电管的主要特性

a. 伏安特性。

将光电管置于光源附近区域,再对光电管的阴极两端施加一定大小的电压,所加电压与阳极所产生的电流之间的关系称为光电管的伏安特性。光电管的伏安特性如图5-8所示。

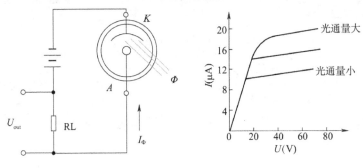

图5-7 光电管的测量电路　　　图5-8 光电管的伏安特性曲线

b. 光电管的光照特性。

在光电管的阳极和阴极之间施加恒定的电压,其光通量与光电流之间的关系为光电管的光照特性。其特性曲线如图5-9所示。曲线1表示氧铯阴极光电管的光照特性,光电流 I 与光通量呈线性关系。曲线2为锑铯阴极的光电管光照特性,呈非线性关系。光照特性曲线的斜率(光电流与入射光光通量之间比)称为光电管的灵敏度。

c. 光谱特性。

光电管阴极材料中的电子脱离材料本身需要做大量的功,而其对应功值的大小取决于其材料的类型,从而产了不同的光线频率阈值,即红限频率。强度相同且频率超过红限频率的光照也会因为其频率的改变导致从阴极逸出的光电子数量发生改变,光电管的灵敏度也随之发生改变,即光电管的光谱特性,其特性曲线如图5-10所示。鉴于光电管的此类特性,其阴极材料的选取应以光的波长区域范围为准,以发挥光电管的最佳性能。

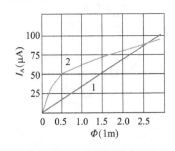 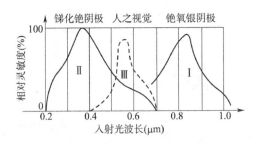

图5-9 光电管的光照特性曲线　　　图5-10 光电管的光谱特性曲线图

(2)光电倍增管

光电管在受光条件较差时所产生的电流极小,甚至低至 μA 级别,这也导致一般的传感器不易对其探查和检测,使用光电倍增管,可有效解决这一问题。如核仪器中闪烁探测器多使用光电倍增管做光电转换元件。如图5-11所示是光电倍增管外观结构图。

图 5-11　光电倍增管外观结构图

①结构与工作原理

光电倍增管是把微弱的光输入转换成电子,并使电子获得倍增的电真空器件。光电倍增管主要由光阴极 K、次阴极(倍增电极)D 和阳极 A 组成,其结构示意图如图 5-12 所示。光电阴极是由半导体光电材料锑铯做成,入射光在它上面打出光电子。倍增极是在镍或铜—铍的衬底上涂上锑铯材料而形成的。在它的阴极与阳极之间设置许多二次倍增极 D_1、D_2、D_3、$\cdots$,它们又称为第 1 倍增极、第 2 倍增极$\cdots\cdots$,相邻电极之间通常加上 100V 左右的电压,其电位逐级提高,阴极电位最低,阳极电位最高,两者之差一般为 600～1200V。

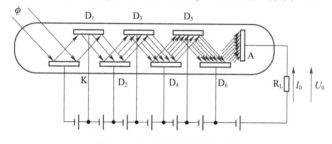

图 5-12　光电倍增管结构示意图

光电倍增管的工作原理:利用二次电子释放效应,高速电子撞击固体表面,发出二次电子,将光电流在管内进行放大。即当微光照射到光阴极 K 时,从光阴极 K 上逸出光电子,这些光电子在 D_1 电场的作用下,以高速向倍增极 D_1 射去,产生二次发射,于是更多的二次发射的电子又在 D_2 电场作用下,射向第二倍增极,激发更多的二次发射电子,如此下去,一个光电子将激发更多的二次发射电子,最后被阳极所收集。若每级的二次发射倍增率为 m,共有 n 级(通常可达 9～11 级),则光电倍增管阳极得到的光电流比普通光电管大 $m \times n$ 倍,因此光电倍增管具有放大光电流的作用,灵敏度非常高,信噪比大,线性好,多用于微光测量。其测量电路如图 5-13 所示。

各倍增极的电压是用分压电阻 R_1、R_2、$\cdots$、R_n 获得的,阳极电流流经电阻 R_L 得到输出电压 U_0。当用于测量稳定的辐射通量时,图中虚线连接的电容 C_1、C_2、$\cdots$、C_n 和输出隔离电容 C_0 都可以省去。这时电路往往将电源正端接地,并且输出可以直接与放大器输入端连接。当入射光通量为脉冲量时,则应将电源的负端接地,因为光电倍增管的阴极接地比阳极接地有更低的噪声,此时输出端应接入隔离电容,同时各倍增极的并联电容亦应接入,以稳定脉冲工作时的各级工作电压,稳定增益并防止饱和。

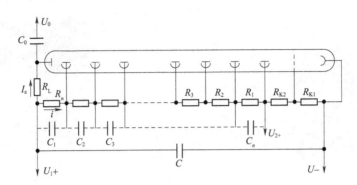

图 5-13　光电倍增管的工作原理测量电路图

② 光电倍增管的主要特性

a. 光谱响应。

光电倍增管由阴极吸收入射光子的能量并将其转换为光子，其转换效率（阴极灵敏度）随入射光的波长而变，这种光阴极灵敏度与入射光波长之间的关系称作光谱响应特性。

b. 光照灵敏度。

由于测量光电倍增管的光谱响应特性需要精密的测试系统和很长的时间，因此要为用户提供每一支光电倍增管的光谱响应特性曲线是不现实的。所以一般是为用户提供阴极和阳极的光照灵敏度。

阴极光照灵敏度是指使用钨灯产生的 2856K 色温光测试的每单位通量入射光产生的阴极光电子电流。阳极光照灵敏度是指每单位阴极上的入射光能量产生的阳极输出电流，即经过二次发射极倍增的输出电流。

c. 阳极暗电流。

光电倍增管在完全黑暗的环境下仍有微小的电流输出，这个微小的电流称作阳极暗电流，它是决定光电倍增管对微弱光信号的检出能力的重要因素之一。

2）基于内光电效应的光电器件

利用半导体材料在光照下的光电导效应和光生电动势效应制成的器件，称为内光电效应器件，常见的主要由光敏电阻、光电池、光敏二极管以及光敏晶体管。

（1）光敏电阻

光敏电阻是利用内光电效应（光电导效应）工作的光电器件，又称光导管，是一种均质半导体光电元件，其外形如图 5-14 所示。光敏电阻的阻值不是固定的，若光照强，光敏电阻的阻值就小；反之，若光照弱，光敏电阻的阻值就大。光敏电阻具有灵敏度高、光谱响应范围宽、体积小、重量轻、机械强度高、耐冲击、耐振动、抗过载能力强和寿命长等特点。

a) 光敏电阻图形符号　　　　　b) 光敏电阻外观结构图

图 5-14　光敏电阻的外形

① 结构与工作原理

光敏电阻的结构很简单,如图5-15所示为其结构图。在玻璃底板上涂一层对光敏感的半导体物质,为了增加灵敏度,两电极常做成梳状,再将其封装在透明管壳内就构成了光敏电阻。用于制造光敏电阻的材料主要是金属的硫化物、硒化物和碲化物等半导体。

光敏电阻的工作原理:在光线的作用下,其电导率增大,电阻值变小,这种现象称为光导效应,其工作原理如图5-16所示。即工作时,将光敏电阻两电极间加上电压,其中便有电流通过。无光照时,光敏电阻值(暗电阻)很大,电路中电流很小;当有光照时,由于光电导效应,光敏电阻值(亮电阻)急剧减小,电流迅速增大,电流随着光强的增加而变大,实现了光电转换。光敏电阻没有极性,纯粹是一个电阻器件,使用时既可加直流电压,也可加交流电压。

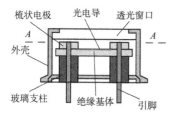
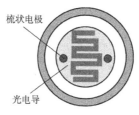
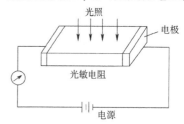

图5-15 光敏电阻的内部结构　　　　　图5-16 光敏电阻的工作原理示意图

② 光敏电阻的主要特性

a. 暗电阻、暗电流、亮电阻、亮电流、光电流。

暗电阻:光敏电阻在未受到光照时的阻值,此时流过的电流为暗电流。

亮电阻:在受到光照时的电阻,此时的电流称为亮电流。

光电流:亮电流与暗电流之差。

b. 光谱特性。

光敏电阻的相对光敏灵敏度与入射波长的关系称为光敏电阻的光谱特性。图5-17为几种不同材料光敏电阻的光谱特性曲线,当波长不同时,对应光敏电阻的灵敏度也不同,同样,不同光电导材料的光敏电阻其光谱响应曲线也不同。

c. 光照特性。

光敏电阻的光照特性是描述光电流与光照强度之间的关系的,多数是非线性的,不宜作线性测量元件,一般用作开关式的光电转换器。图5-18为其硫化镉光敏电阻的光照特性曲线。

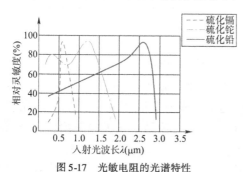
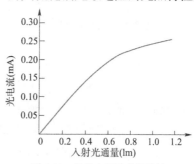

图5-17 光敏电阻的光谱特性　　　　　图5-18 光敏电阻的光照特性

d. 伏安特性。

光敏电阻的伏安特性是指光敏电阻两端所加电压与流过光敏电阻的电流之间的关系。

如图5-19所示,光敏电阻的伏安特性呈线性关系,光照度越大,电流越大。光敏电阻在应用时有最大额定功率、最高工作电压、最大额定电流,因此不能超过虚线的功耗区。

e. 温度特性。

光敏电阻的温度特性是指光敏电阻的光电效应受温度影响较大,有些光敏电阻在低温下的光电活络较高,而在高温下的活络度则较低。图5-20为硫化铅光敏电阻的光谱温度特性曲线,其峰值随着温度上升向波长短的方向移动,因此硫化铅光敏电阻需在低温、恒温的条件下才可使用。

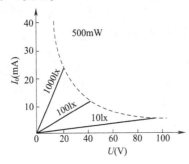

图5-19 光敏电阻的伏安特性

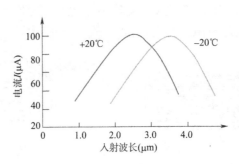

图5-20 硫化铅光敏电阻的温度特性

常用光电导材料如表5-1所示。

常用光电导材料　　　　表5-1

光电导器件材料	禁带宽度(eV)	光谱响应范围(nm)	峰值波长(nm)
硫化镉(CdS)	2.45	400~800	515~550
硒化镉(CdSe)	1.74	680~750	720~730
硫化铅(PbS)	0.40	500~3000	2000
碲化铅(PbTe)	0.31	600~4500	2200
硒化铅(PbSe)	0.25	700~5800	4000
硅(Si)	1.12	450~1100	850
锗(Ge)	0.66	550~1800	1540
砷化铟(InAs)	0.33	1000~4000	3500
锑化铟(InSb)	0.16	600~7000	5500

(2) 光敏二极管与光敏晶体管

① 结构与工作原理

光敏二极管是常用的光敏元件之一,它的结构模型和符号、基本电路接法以及外形如图5-21所示。光敏二极管与普通的半导体二极管相比,相似之处是管心都是一个PN结,具有单向导电性能;不同之处是从外形上看时,光敏二极管管壳上有一个能射入光线的"窗口"。当光线透过"窗口"照射到光敏二极管管芯上时,PN结反向漏电流增大,此时的发电流称为光电流;而无光照时,PN结反向漏电流很小,此时的漏电流称为暗电流。

光敏二极管是在反向电压作用之下工作的。没有光照时,反向电流很小(一般小于0.1μA),称为暗电流。当有光照时,携带能量的光子进入PN结后,把能量传给共价键上的束缚电子,使部分电子挣脱共价键,从而产生电子-空穴对,称为光生载流子。因此,光敏二极管在不受光照射时处于截止状态,受光照射时处于导通状态。

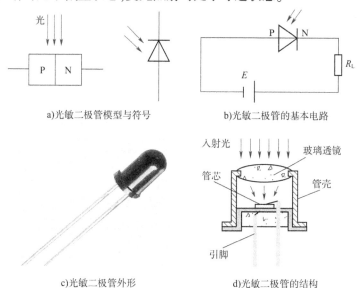

图 5-21 光敏二极管

光敏晶体管其模型与符号、外形如图 5-22 所示。光敏三极管与普通三极管的结构相类似,具有两个 PN 结,不同之处是光敏三极管必须有一个对光敏感的 PN 结作为感光面,一般用集电结作为受光结,因此,光敏二极管实质上是一种相当于在基极和集电极之间接有光敏二极管的普通二极管,但光敏三极管要比光敏二极管的灵敏度高许多倍。

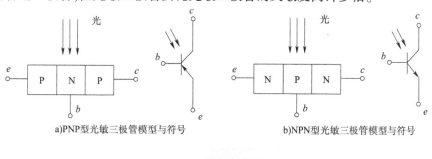

c)光敏三极管外形

图 5-22 光敏三极管

大多数光敏晶体管的基极无引出线,当集电极加上相对于发射极为正的电压而不接基极时,集电结就是反向偏压,当光照射在集电结时,在结附近产生电子-空穴对,会有大量的电子流向集电极,形成输出电流,且集电极电流为光电流的 β 倍,所以光敏晶体管有放大作用。

②光敏二极管与光敏晶体管的主要特性

a. 光谱特性。

光敏管的光谱特性是指在一定照度时,输出的光电流(或用相对灵敏度表示)与入射光波长的关系。图 5-23 给出了硅和锗光敏晶体管的光谱特性曲线,由图可知,硅的峰值波长约为 $0.9\mu m$,锗的峰值波长约为 $1.5\mu m$,此时灵敏度最大,当入射光波长增长或缩短时,相对灵敏度会下降。

一般锗管的暗电流较大,因此性能较差,故在可见光或探测炽热状态物体时,一般都用硅管。但对红外光的探测,用锗管较为适宜。

b. 伏安特性。

图 5-24 是硅光敏晶体管的伏安特性,纵坐标为光电流,横坐标为集电极-发射极电压。与一般晶体管在不同的基极电流时的输出特性一样。只需把光通量看作基极电流即可。晶体管具有放大作用,在同样照度下,光电流比相应的二极管大上百倍。

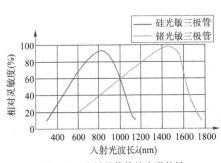

图 5-23 光敏晶体管的光谱特性

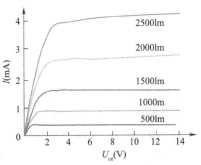

图 5-24 光敏晶体管的伏安特性

c. 频率特性。

光敏管的频率特性指光敏管输出的光电流(或相对灵敏度)随频率变化的关系。光敏二极管的频率特性是半导体光电器件中最好的一种,普通光敏二极管频率响应时间达 10s,如图 5-25 所示。光敏三极管的频率特性受负载电阻的影响,减小负载电阻可以提高频率响应范围,但输出电压响应也减小。

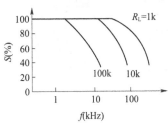

图 5-25 光敏晶体管的频率特性

d. 温度特性。

光敏管的温度特性是指光敏管的暗电流及光电流与温度的关系。如图 5-26 所示,从光敏晶体管的温度特性曲线可看出:温度变化对光电流影响很小,而对暗电流影响很大。因此,光敏晶体管作为测量元件时,在电子线路中应该对暗电流进行温度补偿,否则将会导致输出误差。

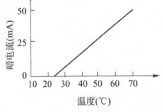
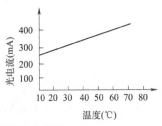

图 5-26 光敏晶体管的温度特性

e. 光照特性。

光敏三极管的光照特性近似线性关系。但光照足够大时会出现饱和现象,故光敏三极管既可作线性转换元件,也可作开关元件。如图5-27所示。

(3) 光电池

① 结构与工作原理

光电池是利用光生伏特效应把光能直接转变成电能的光电器件(图5-28)。光电池可把太阳能直接转变为电能,因此又称为太阳能电池。光电池实质是一个大面积PN结,上电极为栅状受光电极,下电极是一层衬底铝,当光照射在PN结上时,电子-空穴对迅速扩散,在结电场作用下建立一个与光照强度有关的电动势。故光电池是有源元件,一般可产生0.2~0.6V电压、50mA电流。光电池有硒光电池、砷化镓光电池、硅光电池、硫化铊光电池、硫化镉光电池等。目前,应用最广、最有发展前途的是硅光电池和硒光电池。

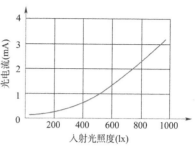

图5-27 光敏晶体管的照射特性

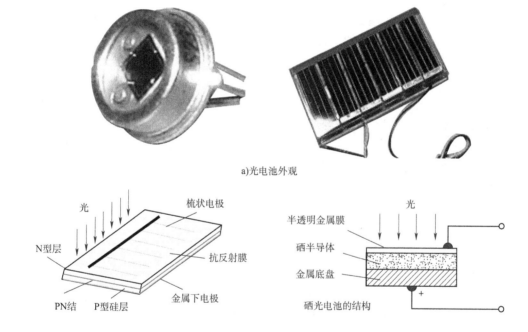

图5-28 光电池结构示意图

② 光电池主要特性

a. 光谱特性。

对不同波长的光,光电池的灵敏度是不同的。从硅光电池和硒光电池的光谱特性曲线图(图5-29)可知,不同材料的光电池,光谱响应峰值所对应的入射光波长是不同的,硅光电池波长响应范围为0.45~1.4μm。锗光电池由于稳定性较差,目前应用比较少。

b. 频率特性。

光电池的频率特性是反映光的交变频率和光电池输出电流的关系。图5-30是硅光电池和硒光电池的频率特性曲线,由图可知,硒光电池的频率响应较差,而硅光电池的较好。硅光电池有很高的频率响应,可用于高速记数、有声电影等方面。

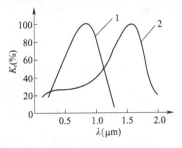

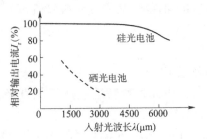

图 5-29 光电池的光敏特性
1-硅光敏;2-锗光敏

图 5-30 光电池的频率特性

c. 温度特性。

光电池的温度特性描述的是光电池的开路电压和短路电流随温度的变化的现象。温度漂移影响到测量精度或控制精度等重要指标,因此温度特性是光电池的重要特性之一。图 5-31 为硅光电池温度特性曲线,由图可知,开路电压随温度升高而下降的速度较快,而短路电流随温度升高而缓慢增加。因此光电池作为测量元件时,最好能保证温度恒定或采取温度补偿。

d. 光照特性。

硅光电池的负载不同,特性也不同。如图 5-32 所示为负载在两种极端情况下的特性曲线。光电池负载开路时的开路电压与光照强度的关系曲线显然是呈非线性关系,起始电压上升很快,超过 2000lx 时便慢慢趋于饱和。当负载短路时,短路电流与光照强度的关系呈线性关系。因此,光电池作为测量元件时,应作为电流源来使用,不宜用作电压源,且负载电阻越小越好。

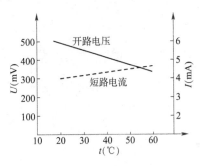

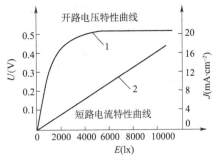

图 5-31 光电池的温度特性

图 5-32 光电池的温度光照特性

5.2 光纤传感器

5.2.1 概述

1966 年,高锟就在光纤物理学上取得了突破性成果,计算出如何使光在光导纤维中进行远距离传输。这项成果最终促使光纤通信系统问世,正是光纤通信为当今互联网的发展铺平了道路。光纤传感器是 20 世纪 70 年代中期发展起来的一种新技术,光纤传感器是伴随着光纤及光纤通信技术的发展而逐步形成的一种新型传感器。与传统的各类传感器相比,光纤传感器用光作为敏感信息的载体,用光纤作为传递敏感信息的媒质,具有光纤及光学测量的特点,这一新技术近年来在我国诸多领域得到了广泛的应用,如图 5-33 所示。

  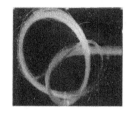 

图 5-33　各种装饰性光导纤维

光纤传感器可用于温度、压力、应变、位移、速度、加速度、磁、电、声和 pH 值等 70 多个物理量的测量,在自动控制、在线检测、故障诊断、安全报警等方面具有极为广泛的应用潜力和发展前景。

光纤传感器的主要优点有以下几方面:

(1) 电绝缘性能好,安全可靠。光纤本身是由电介质构成的,适宜于在易燃易爆的油、气、化工生产中使用。

(2) 抗电磁干扰。一般电磁辐射的频率比光波低许多,所以在光纤中传输的光信号不受电磁干扰的影响。

(3) 体积小、重量轻,几何形状可塑。

(4) 传输损耗小,传输容量大。可实现远距离遥控监测和多点分布式测量。

(5) 耐腐蚀,化学性能稳定。由于制作光纤的材料——石英具有极高的化学稳定性,因此光纤传感器适宜于在较恶劣环境中使用。

(6) 传感器端无须供电,是无源器件,将传输与传感集合到一体。

5.2.2　工作原理

光纤传感器是一种将被测对象的状态转变为可测的光信号的传感器。它主要由光源、敏感元件、光探测器、信号处理系统以及光纤等部分组成,光纤的传输是基于光的全内反射。光纤传感器与传统的各类传感器相比有一系列优点,如不受电磁干扰、体积小、重量轻、可挠曲等。光纤传感器可以分为两大类:一类是功能型(传感型)传感器,其特点是既传又感;另一类是非功能型(传光型)传感器,其特点是只传不感。光纤传感器的外形如图 5-34 所示。

光纤传感器的基本工作原理是:首先将来自光源的光经过光纤送入调制器,使待测参数以及进入调制区的光相互作用之后,使光的光学性质如光的强度、波长、频率、相位、偏振态等发生变化,成为被调制的光信号,再经

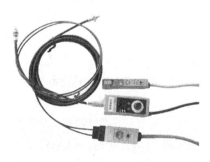

图 5-34　光纤传感器的外形

过光纤送入光探测器,经解调器后获得被测参数。整个过程中,光束经由光纤导入,通过调制器后再射出,其中光纤的作用首先是传输光束,其次是起到光调制器的作用。如图5-35所示是光纤传感器的工作原理图。

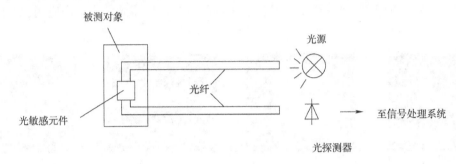

图5-35　光纤传感器的工作原理图

5.2.3　选择与使用

光纤传感器目前可测量70多种物理量,种类很多,合理地选择光纤传感器是合理使用它的前提。我们可以根据被测对象的物理特性和传感原理来选择光纤材料,也可以根据光波的性质参数不同以及使用环境要求等进行选择。

1)光纤传感器的分类

(1)根据传感原理

根据光纤的传感原理可以分为两类:一类是功能型(Function Fibre Optic Sensor),又称FF型,功能型的光纤传感器主要是利用光纤本身的敏感元件来感受被测量的变化,被测量通过使光纤的某些光学特性发生变化来实现对光纤传输光的调制,因此功能型光纤传感器又称传感型光纤传感器。另一类是非功能型(Non-Function Fibre Optic Sensor),又称NF型,非功能型光纤传感器是利用其他敏感元件来感受被测量的变化以实现被测量对光纤传输光的调制,光纤仅起传输光的作用,因此非功能型光纤传感器又称为传光型光纤传感器。

(2)根据待测物理量

按被测对象的不同,光纤传感器可以分为光纤温度传感器、光纤速度传感器、光纤加速度传感器、光纤浓度传感器、光纤电流传感器、光纤流速传感器等。

(3)根据调制光波参数的不同

按光波被调参数的不同,光纤传感器可以分为强度调制光纤传感器、频率调制光纤传感器、波长(颜色)调制光纤传感器、相位调制光纤传感器及偏振态调制光纤传感器。

2)光纤传感器的选择

(1)根据待测物理量选择光纤材料

由于光纤不仅可以作为光波的传播媒质,而且由于光波在光纤中传播时表征光波的特征参量(振幅、相位、偏振态、波长等)因外界因素(如温度、压力、应变、磁场、电场、位移、转动等)的作用而直接或间接发生变化,从而也可将光纤用作传感元件来探测各种物理量。表5-2给出了不同待测物理量的光纤材料的选择方法和性能分析。

不同待测物理量的光纤材料的选择方法和性能分析　　　　表 5-2

待测物理量	类型	调制方式	光学现象	纤芯材料	性　能
电流磁场	FF	偏振	法拉第效应	石英系玻璃,铝丝玻璃	电流为 130～200A,精度为 0.24%;磁场强度为 0.8～4800 A/m,精度为 2%
		相位	磁致伸缩效应	镍,68 碳镁合金	最小检测磁场强度为 $8×10^{-6}$ A/m(21～10kHz)
	NF	偏振	法拉第效应	YIG 系强磁体,FR-5 铅玻璃	磁场强度为 0.08～160A/m;精度为 0.5%
电压电场	FF	偏振	Pockels 效应	亚硝基苯胶	—
		相位	电致伸缩效应	陶瓷振子、压电元件	—
	NF	偏振	Pockels 效应	$LinNbO_3$,$LiTaO_3$,$Bi_{12}SiO_2$	电压为 1～1000V,电场强度为 0.1～1kV/cm,精度为 1%
温度	FF	相位	干涉现象	石英系玻璃	干涉条纹的温度变化量为 17 条/℃·m
		光强	红外透射	SiO_2,CaF_2,ZrF_2	温度为 250～1200℃,精度为 1%
		偏振	双折射变化	石英系玻璃	温度为 30～1200℃
湿度	NF	透射率	禁带宽度变化	半导体 GaAs,CdTe	温度为 0～80℃
		透射率变化		石蜡	开(63℃),关(52℃)
		光强	荧光辐射	(GdomEuoot)O:S	-50～300℃,精度为 0.1℃
速度	FF	相位	Sagnac 效应	石英系玻璃	$ω=3×10^{-3}$rad/s 以上,流速为 10^{-4}～10^3m/s
		频率	多普勒效应	石英系玻璃	
振动压力	FF	频率	多普勒效应	石英系玻璃	最小振幅为 0.4μm(120Hz)
		相位	干涉现象	石英系玻璃	压力为 154kPa·m/条
	NF	光强	散射损失	$C_{45}H_{78}O_2$ + vL·2255N	压力为 0～40kPa
		光强	反射角变化	薄膜	血压测量误差为 $2.6×10^3$Pa
射线	FF	光强	生成着色中心	石英系玻璃	辐照量 0.01～1Mrad
图像	FF	光强	光纤束成像	石英系玻璃	长数米
			多波长传输	石英系玻璃	长数米
			非线性光学	非线性光学元件	长数米
			光的聚焦	多成分玻璃	长数米

(2)根据光波参数的不同选择

①强度调制型光纤传感器

基本原理是待测物理量引起光纤中传输光光强的变化,通过检测光强的变化实现对待测量的测量。恒定光源发出的强度为 I 的光注入传感器,在传感器内,光在被测信号的作用下其强度发生了变化,即受到了外场的调制,使得输出光强的包络线与被测信号的形状一样,光电探测器测出的输出电流也作同样的调制,信号处理电路再检测出调制信号,就得到了被测信号。

这类传感器的优点是结构简单、成本低、容易实现,因此开发应用的比较早,现在已经成功地应用在位移、压力、表面粗糙度、加速度、间隙、力、液位、振动、辐射等的测量。强度调制的方式很多，大致可分为反射式强度调制、透射式强度调制、光模式强度调制以及折射率和吸收系数强度调制等。一般反射式强度调制、透射式强度调制、折射率强度调制称为外调制式，光模式称为内调制式。但是由于原理的限制，它易受光源波动和连接器损耗变化等的影响，因此这种传感器只能用于干扰源较小的场合。

②相位调制型光纤传感器

基本原理是：在被测能量场的作用下，光纤内的光波的相位发生变化，再用干涉测量技术将相位的变化转换成光强的变化，从而检测到待测的物理量。相位调制型光纤传感器的优点是具有极高的灵敏度，动态测量范围大，同时响应速度也快，其缺点是对光源要求比较高，同时对检测系统的精密度要求也比较高，因此成本相应较高。

目前主要的应用领域为：利用光弹效应的声、压力或振动传感器；利用磁致伸缩效应的电流、磁场传感器；利用电致伸缩的电场、电压传感器；利用赛格纳克效应的旋转角速度传感器（光纤陀螺）等。

③频率调制型光纤传感器

基本原理是利用运动物体反射或散射光的多普勒频移效应来检测其运动速度，即光频率与光接收器和光源间的运动状态有关。当它们相对静止时，接收到光的振荡频率；当它们之间有相对运动时，接收到的光频率与其振荡频率发生频移，频移大小与相对运动速度大小和方向有关。

因此，这种传感器多用于测量物体运动速度。频率调制还有一些其他方法，如某些材料的吸收和荧光现象随外界参量也发生频率变化，以及量子相互作用产生的布里渊和拉曼散射也是一种频率调制现象。其主要应用是测量流体流动，其他还有利用物质受强光照射时的拉曼散射构成的测量气体浓度或监测大气污染的气体传感器；利用光致发光的温度传感器等。

④偏振态调制型光纤传感器

基本原理是利用光的偏振态的变化来传递被测对象信息。光波是一种横波，它的光矢量是与传播方向垂直的。如果光波的光矢量方向始终不变，只是它的大小随相位改变，这样的光称为线偏振光。光矢量与光的传播方向组成的平面为线偏振光的振动面。如果光矢量的大小保持不变，而它的方向绕传播方向均匀的转动，光矢量末端的轨迹是一个圆，这样的光称为圆偏振光。如果光矢量的大小和方向都在有规律地变化，且光矢量的末端沿一个椭圆转动，这样的光称为椭圆偏振光。

偏振态调制光纤传感器检测灵敏度高，可避免光源强度变化的影响，而且相对相位调制光纤传感器结构简单且调整方便。其主要应用领域为：利用法拉第效应的电流、磁场传感器；利用泡尔效应的电场、电压传感器；利用光弹效应的压力、振动或声传感器；利用双折射性的温度、压力、振动传感器。目前最主要的还是用于监测强电流。

⑤波长调制型光纤传感器

传统的波长调制型光纤传感器是利用传感探头的光谱特性随外界物理量变化的性质来实现的。此类传感器多为非功能型传感器。在波长调制的光纤探头中，光纤只是简单地作为导光用，即把入射光送往测量区，而将返回的调制光送往分析器。光纤波长探测技术的关键是光源和频谱分析器的良好性能，这对于传感系统的稳定性和分辨率起着决定性的影响。

光纤波长调制技术主要应用于医学、化学等领域。例如，对人体血气的分析、pH值检测、指示剂溶液浓度的化学分析、磷光和荧光现象分析、黑体辐射分析和法布里—珀罗滤光器等。而目前所称的波长调制型光纤传感器主要是指光纤布拉格光栅传感器(FBG)。

3)光纤传感器的使用注意事项

(1)不能安装在以下场所:阳光直射处,湿度高、可能会结霜处,有腐蚀性气体处,对本体有直接振动或冲击影响处。

(2)电力线、动力线与光电开关使用同一配线管或者配线槽时,会由于感应引起误动作或者产品损坏,原则上分开配线或者使用屏蔽线。

(3)导线的延长使用0.3mm以上的线,并控制在100m以下。

(4)电源接通后,经过200ms以上才可以进行检测,负载与光纤传感器的电源分开时,一定要先接通光纤传感器的电源。

(5)在切断电源时会发生输出脉冲情况,所以要先切断负载或负载线的电源。

(6)使用接插件式时,为了防止触电或短路,在不使用的连接电源端子上贴上保护用贴片。

(7)放大器拆卸和安装时一定要切断电源。

(8)不要在光纤单元固定于放大器单元的状态下施加拉伸、压缩等动作。

(9)在使用时一定要确保保护罩已盖好。

(10)不要使用香蕉水、汽油、丙酮、灯油类进行清洁。

5.2.4 光纤传感器应用举例

1)光纤压力传感器用于轨道占用的检测

传统的轨道电路占用是以铁路线路的钢轨为导体,当列车经过时,通过轮轴进行轨道电路分路来用于检测轨道区段是否有车辆占用。由于外界各种干扰,例如当轨道电路出现轨面生锈、轮对锈蚀、轨道电路回分路不当等问题时,轨道继电器不能可靠工作,从而失去检测轨道电路占用与否的功能,造成轨道占用判断失效。而基于光纤光栅压力传感器的信号检测系统可以解决此问题。

如图5-36所示,把两个光纤光栅压力传感器(以下简称FBG1、FBG2)分别安装在三个枕木之间的钢轨下,光纤光栅压力传感器主要是基于光纤光栅纵向应变特性所设计,当列车经过时钢轨会因为受到的压力而形变,从而引起光纤光栅的波长漂移,通过对FBG1、FBG2的波长漂移量进行检测可知该段轨道上是否有占用。

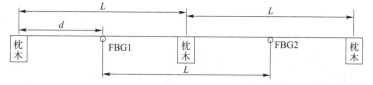

图5-36 光纤压力传感器的安装示意图

基于光纤压力传感器的轨道检测示意图如图5-37所示,当列车轮对向传感器靠近时,FBG波长漂移量会逐渐上升,轮对到达光纤光栅压力传感器正上方时波长漂移量达到最大,然后轮对开始远离光纤光栅压力传感器,则FBG波长漂移量逐渐下降。每个轮对经过传感器时都会有一个波峰出现,通过识别这些波峰即可以计算经过传感器上方的轮轴数。光纤光栅解调仪是用于解调光纤反射回来的反射谱,将光纤的光信号转化为电信号,然后用 UDP 通信输出波长数据给 PC 处理器,再由 PC 处理器计算每个 FBG 波长漂移量的波峰进行计轴计算,并与上一传感器计轴数进行比较,以确定两传感器之间的区段轨道占用状态。

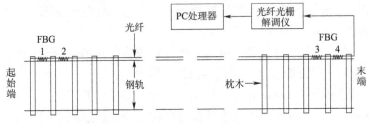

图 5-37 基于光纤压力传感器的轨道检测示意图

2)光纤温度传感器用于油位检测

如图 5-38 所示是光纤光栅温度传感器油位监测系统,光纤光栅温度传感器油位监测系统由碳纤维加热棒、密集分布光纤光栅阵列、加热脉冲控制器、光纤光栅信号解调仪、油位监测界面组成。

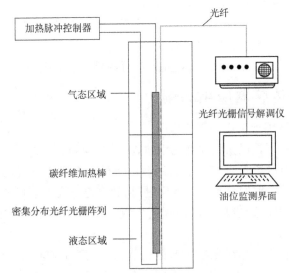

图 5-38 光纤光栅温度传感器油位监测系统

利用光纤光栅对温度敏感的特性设计光纤光栅温度传感器。通过并行贴附的碳纤维加热棒对光纤上的光纤光栅阵列进行自加热调制。采用周期性热调制信号使得碳纤维加热棒在两个温度水平之间循环,根据空气介质和油液介质的热传导系数不同所产生的温度差,从而确定油箱中气体和油液的交界面位置。

密集分布光纤光栅阵列是由 14 个光纤光栅组成,每个光纤光栅的反射率都在 90% 以上,边模抑制比大于 15dB,3dB 带宽在 0.2~0.3nm 之间,栅区间的间隔为 5mm,栅区的长度为 10mm。密集分布光纤光栅阵列的长度 20.5cm,所以光纤光栅温度传感器测量液位的深度范围为 20.5cm,测量精度为 2cm。

碳纤维加热棒的加热和降温过程,通过加热脉冲控制器来控制碳纤维加热棒两端电压的开断,来控制加热时间和散热时间。图 5-39 表示加热脉冲控制器的实物图,加热脉冲控制器的输入电压的范围为 DC5V~36V,静态电流 15mA。加热脉冲控制器电路主要由微控制器N76E003AT20（51单片机）、线性稳压芯片LM317、场效应管AOD4184、按键、LED指示灯、数码管组成。

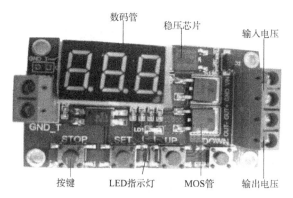

图5-39 加热脉冲控制器

通过按键来设置加热时间、散热时间。当加热时，LED1指示灯亮，数码管对加热时间进行倒计时；当散热时，LED1指示灯灭，数码管对散热时间进行倒计时。整个过程为一个周期，一个周期测量一次液位。线性稳压芯片为整个电路提供5V电压，利用微控制器编程，微处理器引脚输出PWM（脉冲宽度调制），控制MOS管的通断。当MOS管导通时，给碳纤维加热管两端加电压，处于加热状态；当MOS管断开时，碳纤维加热管两端没有电压，处于散热状态。通过按键控制微处理器的加热计数时间，为PWM的正脉冲数；散热计数时间，为PWM的负脉冲数。

5.3 红外传感器

5.3.1 概述

宇宙间的任何物体，只要其温度超过零摄氏度就能产生红外辐射，这样便产生了红外技术。近半个世纪以来，红外技术发展迅速，已经在军事领域、科学研究、工农业生产、医疗卫生以及日常生活方面获得了广泛的应用。目前红外传感器正朝着探测率更高、响应波长更大、响应时间更短、像素灵敏度和像素密度更高、抗干扰性能更高、生产成本更低的方向发展。利用红外传感器可以设计出很多实用的传感器模块，如红外测温仪、红外成像仪、红外人体探测报警器、自动门控制系统等。

红外线是位于可见光中红光以外的光线，因此称为红外线，是一种人眼看不见的光线。任何物体，只要其温度高于绝对零度就有红外线向周围空间辐射。物体的温度越高，辐射出的红外线越多，红外辐射的能量就越强。如图5-40所示，红外线其波长范围在0.75～1000μm频谱范围内。

红外传感器是能将红外辐射能转换成电能的光敏器件，它是红外探测系统的关键部件，其外形及结构电路图如图5-41所示。红外传感器一般由光学系统、探测器和信号调理电路以及显示系统等组成，红外探测器是红外传感器的核心。红外探测器的种类很多，按照探测机理的物理效应可以分为两大类：热探测器和光子探测器。

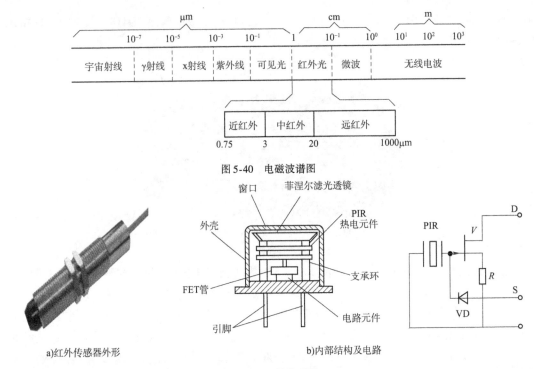

图 5-40 电磁波谱图

图 5-41 红外传感器

热探测器是利用入射红外辐射引起传感器的温度变化,进而使有关物理参数发生相应的变化,通过测量有关物理参数的变化来确定红外传感器所吸收的红外辐射。热探测器探测光辐射包括两个过程:一是吸收光辐射能量后,探测器的温度升高;二是把温度升高所引起的物理特性的变化转化成相应的电信号。热探测器器件主要有四类:热释电型、热敏电阻型、热电偶型及高莱气动型。

光子探测器是利用某些半导体材料在入射光的照射下,产生光子效应,使材料电学性质发生变化,通过测量电学性质的变化,就可以知道红外辐射的强弱。光子探测器有内光电和外光电探测器两种,后者又分为光电导、光生伏特及光磁电探测器三种。

红外传感器按照发出方式不同,可分为主动式和被动式两种。主动红外传感器的发射机发出一束经调制的红外光束,被红外接收机接收,从而形成一条红外光束组成的警戒线。当遇到树叶、雨、小动物、雪、沙尘、雾遮挡则不报警,人或相当体积的物品遮挡将发生报警。被动红外传感器是靠探测人体发射的红外线来进行工作的。传感器收集外界的红外辐射进而聚集到红外传感器上。红外传感器通常采用热释电元件,这种元件在接收了红外辐射温度发出变化时就会向外释放电荷,检测处理后产生报警。

5.3.2 红外传感器的工作原理

红外传感器一般由光学系统、探测器、信号调理电路及显示系统等组成。红外探测器是红外传感器的核心。红外传感器的工作原理并不复杂,一个典型的传感器系统具体各部分的实体分别是:

(1)待测目标:根据待测目标的红外辐射特性可进行红外系统的设定。

(2) 大气衰减:待测目标的红外辐射通过地球大气层时,由于气体分子和各种气体以及各种溶胶粒的散射和吸收,将使得红外源发出的红外辐射发生衰减。

(3) 光学接收器:它接收目标的部分红外辐射并传输给红外传感器。相当于雷达天线,常用的是物镜。

(4) 辐射调制器:对来自待测目标的辐射调制成交变的辐射光,提供目标方位信息,并可滤除大面积的干扰信号。又称调制盘和斩波器,它具有多种结构。

(5) 红外探测器:这是红外系统的核心。它是利用红外辐射与物质相互作用所呈现出来的物理效应探测红外辐射的传感器,多数情况下是利用这种相互作用所呈现出来的电学效应。此类探测器可分为光子探测器和热敏感探测器两大类型。

(6) 探测器制冷器:由于某些探测器必须要在低温下工作,所以相应的系统必须有制冷设备。经过制冷,设备可以缩短响应时间,提高探测灵敏度。

(7) 信号处理系统:将探测的信号进行放大、滤波,并从这些信号中提取出信息,然后将此类信息转化成为所需要的格式,最后输送到控制设备或者显示器中。

(8) 显示设备:这是红外设备的终端设备。常用的显示器有示波器、显像管、红外感光材料、指示仪器和记录仪等。

依照上面的流程,红外系统就可以完成相应的物理量的测量。

5.3.3 选择与使用

1) 热敏电阻型红外传感器

热敏电阻型红外传感器的热敏电阻是由锰、镍、钴的氧化物混合后烧结而成的,热敏电阻一般制成薄片状。当红外辐射照射在热敏电阻片上,其温度升高,内部粒子的无规律运动加剧、自由电子的数目随温度升高而增加,电阻值减小。通过测量热敏电阻值变化的大小,即可得知入射红外辐射的强弱,从而可以判断产生红外辐射物体的温度。

使用要求:高温下物理和化学性质稳定,但互换性差,非线性严重。

2) 热电偶型红外传感器

热电偶型红外传感器的热电偶是由热电功率差别较大的两种金属材料(如铋/银、铜/康铜、铋/铋锡合金等)构成。当红外辐射入射到热电偶回路的测温接点上时,该接点温度升高,而另一个没有被红外辐射辐照的接点处于较低的温度,此时,在闭合回路中将产生温差电流,同时回路中产生温差电势。温差电势的大小,反映了接点吸收红外辐射的强弱。

使用要求:热电偶型红外传感器因其时间常数较大,响应时间较长,动态特性较差,调制频率应限制在 10Hz 以下。在实际应用中,往往将几个热电偶串联起来组成热电堆来检测红外辐射的强弱。

3) 高莱气动型红外传感器

高莱气动型传感器是利用气体吸收红外辐射后,温度升高,体积增大的特性,来反映红外辐射的强弱。红外辐射通过窗口入射到吸收膜上,吸收膜将吸收的热能传给气体,使气体温度升高,气压增大,从而使柔镜移动。在室的另一边,一束可见光通过栅状光栏聚焦在柔镜上,经柔镜反射回来的栅状图像又经过栅状光栏投射到光电管上。当柔镜因压力变化而移动时,栅状图像与栅状光栏发生相对位移,使落到光电管上的光量发生改变,光电管的输出信号也发生改变,这个变化量就反映出入射红外辐射的强弱。

使用要求:这种传感器的特点是灵敏度高,性能稳定。但响应时间长,结构复杂、强度较差,只适合于实验室内使用。

4) 热释电型红外传感器

热释电型传感器是一种具有极化现象的热晶体或称"铁电体"。铁电体的极化强度(单位面积上的电荷)与温度有关。当红外辐射照射到已经极化的铁电体薄片表面上时,引起薄片温度升高,使其极化强度降低,表面电荷减少,这相当于释放一部分电荷,所以称作热释电型传感器。

使用要求:当恒定的红外辐射照射在热释电传感器上时,传感器没有电信号输出。只有铁电体温度处于变化过程中,才有电信号输出。

使用要求:必须对红外辐射进行调制(或称斩光),使恒定的辐射变成交变辐射,不断引起传感器的温度变化,才能导致热释电产生,并输出交变的信号。

5) 光电导红外传感器

当红外辐射照射在某些半导体材料表面上时,半导体材料中有些电子和空穴可以从原来不导电的束缚状态变为能导电的自由状态,使半导体的导电率增加,这种现象叫光电导现象。利用光电导现象制成的传感器称为光电导传感器,如PbS、PbSe、InSb、HgCdTe等材料都可制造光电导传感器。

使用要求:使用光电导传感器时,需要制冷和加上一定的偏压,否则会使响应率降低、噪声大、响应波段窄,以致使红外传感器损坏。

6) 光生伏特传感器

当红外辐射照射在某些半导体材料的PN结上时,在结内电场的作用下,自由电子移向N区,空穴移向P区。如果PN结开路,则在PN结两端便产生一个附加电势,称为光生电动势。利用这个效应制成的传感器称为光生伏特传感器或PN结传感器。常用的材料有InAs、InSb、HgCdTe、PbSnTe等几种。

7) 光磁电传感器

当红外辐射照射在某些半导体材料的表面上时,材料表面的电子和空穴将向内部扩散,在扩散中若受强磁场的作用,电子与空穴则各偏向一边,因而产生开路电压,这种现象称为光磁电效应。利用此效应制成的红外传感器,称作光磁电传感器。

使用要求:光磁电传感器不需要制冷、响应波段可达 $7\mu m$ 左右、时间常数小、响应速度快、不用加偏压、内阻极低、噪声小、有良好的稳定性和可靠性。但其灵敏度低、低噪声前置放大器制作困难,因而影响了使用。

综合上述,选择红外传感器可分为以下几个方面:

(1) 性能指标方面,如响应时间、调制频率、测量精度、灵敏度、测量目标材料结构、保护附件是否需要制冷、是否需要施加偏压等。

(2) 环境和被测对象方面,如环境温度、显示和输出、被测目标大小、测量距离等。

(3) 其他选择方面,如使用方便、维修和校准性能、价格、型号等。

光子探测器的主要特点是灵敏度高,响应速度快,具有较高的响应频率,但探测波段较窄,一般需在低温下工作。

5.3.4 红外传感器的应用

1）人体感应自动照明灯

人体感应式照明灯控制开关,不需要机械开关,只要人体靠近控制开关的传感器,就能控制照明灯的亮灭。电路原理如图 5-42 所示,主要由电源电路、感应信号产生电路及控制电路三部分组成。光敏电阻 RG 连接 RD8702 的脚。有光照时,RG 的阻值较小,⑨脚内电路抑制⑩脚和⑪脚输出控制信号。晚上光线较暗时,RG 的阻值较大,⑨脚内电路解除对输出控制信号的抑制作用。

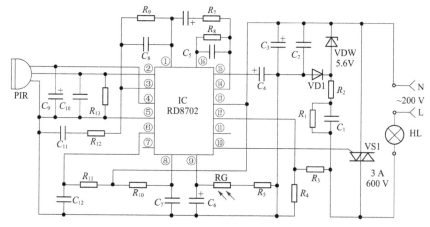

图 5-42 人体自动感应照明灯原理图

在白天或光线较强的光环境下,光感应模块检测出的电信号值会将整灯控制在锁定状态,即便有人经过其 LED 人体感应灯的范围内也不会开灯。在光线较暗或夜晚,光感应模块会根据检测到的光效值,将开启感应灯处于待命状态,同时人体红外热感应模块也启动。如果人体红外热感应模块感应到有人体在其范围内活动,将会产生电信号,信号促使延时开关模块将灯打开,LED 灯珠通电亮灯,如果人持续处于感应范围之内,LED 人体感应灯是常亮的,当人离开后,人体感应模块没有检测到人体红外线,也就无信号给延时开关,LED 人体感应灯就会自动关闭。这时候,各个模块处于待命状态,等待下一个工作周期。

2）医用二氧化碳气体分析仪

医用二氧化碳气体分析仪,是利用二氧化碳气体对波长为 $4.3\mu m$ 的红外辐射有强烈的吸收特性而进行测量分析的,主要用来测量、分析二氧化碳气体的浓度。主要由光源、气室和检测器组成,其结构组成框图如图 5-43 所示。

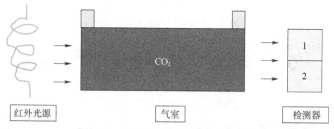

图 5-43 医用二氧化碳气体分析仪结构

假设标准气室中没有二氧化碳气体,且进入测量气室中的被测气体也不含二氧化碳气体时,则红外光源的辐射经过两个气室后,射出的两束红外辐射是完全相等的。红外传感器相当于接收一束恒定不变的红外辐射,因此可看成只有直流响应,接于传感器后面的交流放大器是没有输出的。

当进入测量气室中的被测气体里含有二氧化碳时,射入气室的红外辐射中的 $4.3\mu m \pm 0.15\mu m$ 波段红外辐射被二氧化碳吸收,使测量气室中出来的红外辐射比标准气室中出米的红外辐射弱。被测气室中二氧化碳浓度越大,两个气室出来的红外辐射强度差别越大。红外传感器交替接收两束不等的红外辐射后,将输出一个交变电信号,经过电子系统处理与适当标定后,就可以根据输出信号的大小来判断被测气体中含二氧化碳的浓度。如图 5-44 所示是二氧化碳分析仪线路框图。

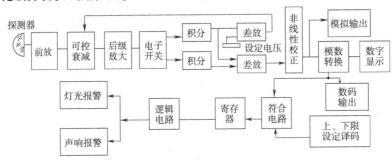

图 5-44　医用二氧化碳分析仪电子线路框图

3)红外测温仪

红外辐射测温仪由光学系统、调制器、红外传感器、放大器、显示器等部分组成,其结构原理如图 5-45 所示。光学系统是采用透射式的,是根据红外波长的范围而选择的光学材料制成的。调制器是由调制盘、微电机等组成。红外传感器一般为热释电红外传感器,安装时保证其光敏面落在透镜的焦点上。微电机带动调制盘转动,把红外辐射的光信号调制成交变辐射的脉冲光信号。红外传感器是把接收到的交变辐射的信号转换成电信号的器件。放大器根据信号的大小实现自动跟踪放大倍数,从而实现了对远距离小目标进行快速非接触式表面温度的测量。显示器显示被测物体的温度大小。

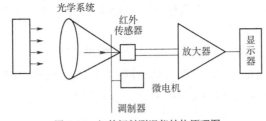

图 5-45　红外辐射测温仪结构原理图

5.4　光电式传感器故障检测

光电式传感器具有精度高、结构简单、反应快且可以非接触式测量等特点,在检测和控制中应用非常广泛。虽说光电传感器形式灵活多样,但在进行检测时难免会遇到一些问题,需要我们进一步排除,以下是光电式传感器常见故障类型及解决方法。

1)光电传感器输出信号不稳定

原因分析:

(1)供电不正常。

(2)检测频率太快。

(3)被测物体尺寸问题。

(4)被测物体不在传感器稳定检测区域内。

(5)电气干扰。

解决方案:

(1)给传感器供稳定的电压,供给的电流必须大于传感器的消耗电流。

(2)被测物体通过的速度必须比传感器的响应速度慢。

(3)被测物体尺寸必须大于标准检测物体或者最小检测物体。

(4)被测物体必须在传感器稳定检测范围内检测。

(5)可以做相应的防护措施,例如在探头周围做屏蔽防护罩、把大功率设备接地等。

2)光电传感器检测到物体后输出状态没有变化

原因分析与解决方案:

(1)接线或者配置不正确

对射型光电传感器必须由投光部和受光部组合使用,两端都需要供电;回归反射型必须由传感器探头和回归反射板组合使用。

(2)供电不正确

必须给传感器提供稳定电源,如果是直流供电,必须确认正负极。

(3)检测物体不在检测区域内

检测物体必须在传感器可以检测的区域内。

(4)传感器光轴没有对准

对射型的投光部和受光部光轴必须对准;回归反射型的探头部分和反光板光轴必须对准。

(5)检测物体不符合标准检测物体或者最小检测物体的标准

检测物体不能小于最小检测物体的标准;对射型、反射型不能很好地检测透明物体;反射型对检测物体的颜色有要求,颜色越深,检测距离越近。

(6)环境干扰

光照强度不能超出额定范围;现场环境有粉尘,需要定期清理传感器探头表面;多个传感器紧密安装,互相产生干扰。

(7)电气干扰

周围有大功率设备,产生干扰的时候必须做相应的抗干扰措施。

对射型:由一个投光器和一个受光器配合使用。检测距离最长,必须在两侧安装且都需要供电。可以在安装狭缝后检测微小物体,对物体颜色没有严格要求。需要光轴对准,成本高。

回归反射型:必须和反射板配合使用。检测距离比对射型近,必须在两侧安装,检测透明物体推荐使用。

扩散反射型:单个使用。可单侧安装,对检测物体有要求,检测物体要大、物体颜色要浅、检测面要平整、物体要不透明。扩散反射型检测距离最短。不需要对准光轴,成本低。

本章小结

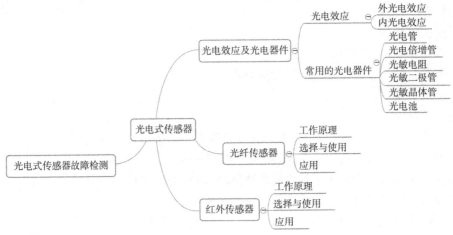

习题

1. 单项选择题

(1) 下列光电器件中,基于光导效应的是(　　)。
　　A. 光电管　　　　B. 光电池　　　　C. 光敏电阻　　　　D. 光敏二极管

(2) 下列光电器件中,根据外光电效应设计的是(　　)。
　　A. 光电管子　　　B. 光电池　　　　C. 光敏电阻　　　　D. 光敏二极管

(3) 利用光纤本身的某种敏感特性或功能制作的传感器称为(　　)。
　　A. 敏感型传感器　B. 功能型传感器　C. 传光型传感器　　D. 功敏型传感器

(4) 红外线是位于可见光中红色光以外的光线,故称红外线。它的波长范围大致在 (　　) 到 1000μm 的频谱范围之内。
　　A. 0.76nm　　　　B. 1.76nm　　　　C. 0.76μm　　　　　D. 1.76μm

(5) (　　) 传感器是利用气体吸收红外辐射后,温度升高,体积增大的特性,来反映红外辐射的强弱。
　　A. 热电动型　　　B. 热释电型　　　C. 高莱气动型　　　D. 气热型

2. 简述光电传感器的定义、组成以及原理。

3. 常用的基于外光电效应光电器件有哪些?内光电效应器光电器件有哪些?并简述它们具体的工作原理。

4. 简述光纤传感器的组成部件以及工作原理。

5. 根据传感原理,光纤传感器可以分为哪几类?在选择光纤传感器时,主要选择标准有哪些?

6. 红外传感器有哪些优点?主要应用在哪些方面?

7. 解释红外传感器测温原理。

8. 结合实际应用,请列举光电式传感器常见故障有些,并分析故障原因,给出解决方案。

第6章 化学物质传感器

对各种化学物质敏感并将其浓度转换为电信号进行检测的仪器,我们称其为化学传感器(Chemical Sensor),在我们日常生活中这类传感器广泛存在,如厨房的天然气浓度检测,轨道站台站厅的烟雾传感器,测饮酒者呼气中酒精浓度的传感器,测汽车空燃比的氧气传感器等等。类似于人的感觉器官,化学传感器大体对应于人的嗅觉、味觉,也能检测到人体器官不能感受到的某些物质,如 CO、H_2 等。

化学传感器常用于生产流程分析和环境污染监测,并在矿产资源的探测、气象观测和遥测、工业自动化、医学上远距离诊断和实时监测、农业上生鲜保存和鱼群探测、防盗、安全报警和节能等各方面都有重要应用。根据化学传感器传感方式的不同,分为接触式、非接触式化学传感器;根据检测对象的不同,分为气敏传感器、湿度传感器、离子传感器和生物传感器。本章主要学习气敏传感器、湿度传感器。

6.1 气敏传感器(gas sensor)

顾名思义,气敏传感器是对某些气体的浓度(定量)、成分(定性)敏感,从而检测到这些气体的元器件。气敏传感器利用化学或物理效应把某些气体及其浓度的相关信息转换成电信号,再由转换电路对信号进行处理,从而实现检测、报警等功能。

气敏传感器主要用于工业上天然气、煤气、石油化工等部门的易燃、易爆、有毒、有害气体的监测、预报和自动控制,我们需要借助不同气敏传感器来检测气体的成分、浓度,从而使之更好地为我们服务。

气体种类繁多,性质各不相同,因此气敏元件的种类也很多。一般气敏传感器是把气体的组分浓度转换成电阻变化,进而转换成电压或电流信号输出的传感器,通常气敏电阻是 SnO_2、ZnO、In_2O_3、Fe_2O_3 等材料,近年来发现碳纳米管和石墨烯具有灵敏度高、响应时间和恢复时间更短的优势,备受注意。

按物理和化学反应来区分的气敏元件的类型及特征,它们实现气电转换的原理各不相同,按敏感元件的材料分类,气敏元件可分为半导体和非半导体两大类,其中半导体类的气敏元件应用最广。

6.1.1 概述

气敏传感器是检测特定气体的传感器,主要包括半导体气敏传感器、接触燃烧式气敏传感器、电化学气敏传感器等,其中半导体气敏传感器因其灵敏度高、响应快、稳定性好、使用简单等特点,应用广泛,如交警用的乙醇检测仪,一氧化碳气体的检测、瓦斯气体的检测、煤气的检测、人体口腔口臭检测等。接下来重点介绍半导体气敏传感器。

半导体气敏传感器根据气敏材料及材料与气体相互作用机理的不同,又具体包含电阻式气敏传感器和非电阻型(二极管和晶体管式)气敏传感器两大类,具体分类如表6-1所示。

半导体气敏传感器分类　　　　　　　　表6-1

类　　型		主要物理特性	气敏元件举例	工作温度(℃)	待测气体
电阻型	电阻	表面电阻控制型	SnO_2、ZnO	300~450	可燃性气体
		体电阻控制型	$\gamma—Fe_2O_3$	300~450	乙醇、可燃性气体、O_2
			TiO_2	700以上	
			$CoO—MgO$	700以上	
非电阻型		二极管整流特性	$Pd—TiO_2$	室温~200	H_2、CO、乙醇
		场效应晶体管特性	$Pd—MOSFET$	150	H_2、H_2S

电阻式气敏传感器是利用敏感元件吸附气体后电阻值随着被测气体的浓度改变来检测气体的浓度或成分;非电阻型气敏传感器是利用二极管伏安特性和场效应管的阈值电压变化来检测被测气体。

其中半导体电阻式气敏传感器是目前广泛应用的气体传感器之一,依据工作原理又可分为表面控制型、体积控制型及表面电位型三种传感器。它们都是利用金属氧化物半导体与气体(可以是氧化型气体如 O_2、C_{12}、F_2 等,也可以是还原型气体如 H_2、CH_4,磷烷、砷烷类气)接触时,材料电导率发生变化的原理进行设计和制作的。半导体电阻式气敏传感器是各类气敏传感器中颇受重视的一类,其中金属氧化物半导体电阻式气敏传感器又是重要一员。

6.1.2　电阻型半导体气敏传感器

电阻型半导体气敏传感器大多使用金属氧化物半导体材料制作敏感元件,常用的金属氧化如 SnO_2、Fe_2O_3、CoO_2、PbO、CuO,在合成敏感元件时加入敏感材料和催化剂烧结。在常温下这些金属氧化物是绝缘的,制成敏感元件后就变为半导体,显示出气敏特性,其中 SnO_2、Fe_2O_3 制成的敏感元件为N型半导体,CoO_2、PbO、CuO 制成的敏感元件为P型半导体。

电阻型半导体气敏传感器气敏元件的敏感部分是金属氧化物微结晶粒子烧结体,当它的表面吸附有被测气体时,半导体微结晶粒子接触界面的导电电子比例发生变化,使得气敏元件的电阻值随被测气体的浓度变化而变化。电阻值的变化是伴随着金属氧化物半导体表面对气体的吸附和释放而产生的,为了加速检测气体与敏感元件的氧化还原反应,提高元件响应速度、灵敏度,一般对应的传感器会附有加热器,加热的温度一般为200~400℃。

1)分类

在不同材料的半导体气敏元件中,用氧化锡(SnO_2)制成的元件具有结构简单、成本低、可靠性高、稳定性好、信号处理容易等一系列优点,应用最为广泛。半导体气敏传感器一般由三部分组成:敏感元件、加热器及外壳。其结构有烧结型、薄膜型及厚膜型,如图6-1所示。

图6-1a)所示为烧结型气敏元件,而烧结型 SnO_2 气敏元件是目前工艺最成熟的气敏元件,是用粒径很小的 SnO_2 粉体为基本材料,再与不同的添加剂混合,采用陶瓷工艺制备,其制作简单,它是一种最普通的结构形式,主要用于检测还原性气体、可燃性气体和液体蒸气,但由于烧结不充分,器件的机械强度较差,且所用电极材料较贵重,电特性误差较大。

图6-1b)所示为薄膜型气敏元件,是用蒸发或溅射方法,在石英或陶瓷基片上形成金属氧化物薄膜,该气敏元件灵敏度和响应速度高,因其厚度很薄(100nm以下),有利于制作低

功耗、小型化或与集成电路兼容的器件。

图6-1c)所示为厚膜型气敏元件,是将SnO_2、ZnO材料与一定比例的硅凝胶混制成能印刷的厚膜胶,把厚膜胶用丝网印刷到事先安装有铂电极的氧化铝的基片上,在400~800℃的温度下烧结1~2h制成。该元件机械强度、一致性较好,适于批量生产。

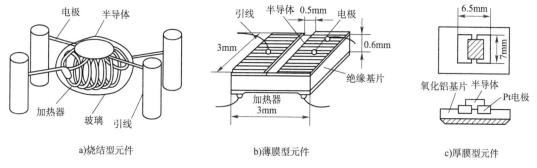

图6-1 半导体传感器的器件结构

2) 工作原理

接下来以SnO_2制成的N型半导体气敏传感器为例,对电阻型半导体气敏传感器工作原理进行说明。

当半导体气敏传感器在空气中通电加热,其阻值会下降后再上升,经过一定时间后趋于稳定,这段时间为传感器的初始稳定时间。随着时间推移,其阻值在一段时间内处于稳定值,但一段时间后其阻值受被测气体的吸附情况而发生变化。若被测气体为氧化性气体(如氧气),对应传感器敏感元件中自由电子减少,其阻值变大;若被测气体为还原性气体(如氢气),对应传感器敏感元件中载流子增多,其电阻值变小,如图6-2所示。

综上,半导体表面因吸附气体导致半导体元件电阻值变化,我们可以通过检测阻值的变化测出气体的种类、浓度。

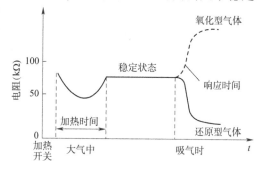

图6-2 N型半导体与被测气体反应时的电阻值变化

6.1.3 选择与使用

半导体传感器体积小、易于集成、可检测气体种类多,是世界各国传感器研发的重点。随着半导体气敏传感器的不断研究和发展,该类型传感器在自动控制、节能环保、工程管理、航空航天、军事等领域得到更加广泛的应用。

具体选择及使用半导体气敏传感器制成的气体检测仪时,又应该如何选择,怎样使用才是正确的呢?我们将从以下几方面进行考量:

1) 测量对象和测量环境

基于某一种原理的传感器制成的检测仪器不仅测量一种气体,也可以是多种;同样的,使用气体检测仪是测量同一物理量,也有多种原理的传感器可供选用。具体哪一种原理的检测仪传感器更适合,则需要根据被测量的特点和气体检测仪传感器的使用条件考虑,如量程的大小;被测位置对传感器体积的要求;测量方式为接触式还是非接触式;信号的引出方法,有线或是非接触测量;气体检测仪的传感器的来源,国产还是进口,价格能否承受等。考虑这些问题后就能确定选用哪种类型的传感器检测仪,然后进一步考虑对应传感器的性能指标。

2) 灵敏度要求

在传感器的线性范围内,希望传感器的灵敏度越高越好。但灵敏度高的同时也表示该传感器在工作时,更容易混入与被测量无关的噪声信号,并随着放大电路放大,从而影响精度。因此,选择的传感器需要有较高的信噪比,在使用中尽量减少干扰信号。

3) 被测量的频率范围

检测仪配套的传感器的频率响应特性决定了被测量的频率范围,必须在允许频率范围内保持不失真的测量条件。传感器的频率响应高,可测的信号频率范围就宽,受到自身结构影响,机械系统的惯性较大,在动态测量中,应根据信号的特点(稳态、瞬态、随机等)响应特性进行选择,以免产生较大的误差。

4) 传感器的线性范围

在传感器的线性范围内,其灵敏度为定值。传感器的线性范围越宽,其量程越大,在选择传感器时,当传感器的种类确定以后首先要看其量程是否满足要求。需要注意的是传感器的线性度是相对的线性,当所要求测量精度比较低时,在一定的范围内,可将非线性误差较小的传感器近似看作线性的,这将给测量带来极大的方便。

5) 传感器的稳定性

传感器使用一段时间后,其性能保持不变化的能力即稳定性。影响传感器长期工作稳定性的因素除自身结构外,主要是传感器的使用环境。因此,要使传感器具有良好的稳定性,必须要有较强的环境适应能力。

在选择气体检测仪传感器之前,应对其使用环境进行调查,并结合气体检测仪检测的使用环境选择合适的传感器,或采取适当的措施,减小环境的影响。在超过气体检测仪的传感器的使用期后,需要重新进行标定,以确保传感器测量的有效性。在某些要求传感器能长期使用而又不能轻易更换或标定的场合,对选用的传感器稳定性要求更严格。

6) 传感器的精度

精度是传感器的重要性能指标,关系到整个测量系统测量精度。传感器的精度越高,价格越昂贵,因此,传感器的精度只要满足整个测量系统的精度要求即可,精度不必过高。如果气体检测仪的测量目的是定性分析,选用重复精度高的气体检测仪的传感器即可,不宜选用绝对量值精度高的;如果是为了定量分析,获得精确的测量值,就需选用精度等级能满足要求的传感器。

尽管在气敏传感器生产过程中采用了很多先进的制作工艺,采取了各种措施来提高传感器稳定性,但在使用过程中,环境温湿度变化影响仍然是导致传感器产生测量误差的一个重要因素。有效降低甚至避免温湿度影响,是气体检测应用中需要特别注意的问题,可以通过合适的测量电路进行相应的补偿。

6.1.4 应用

气敏传感器相当于我们的嗅觉器官,来分辨自然;环境中的混合气体所包含不同的气及各种气体组分浓度信息的设备系统。主要作用是将不同种类浓度气体的相关信息转换成相应的电信号,实现气体种类和浓度检测、监控、报警等功能。

气敏传感器广泛应用于防灾报警,可制成液化石油气、天然气、城市煤气、煤矿瓦斯以及有毒气体等方面的报警器,也可用于对大气污染进行监测以及在医疗上用于对 O_2、CO 等气体的测量,生活中则可用于天然气、液化石油气和城市煤气的泄漏检测。

1)可燃气体的泄漏检测

近年来,液化气、天然气等清洁能源得到广泛应用。城市燃气的普及有利于城市环境质量、居民生活质量的提高,但是随之而来的燃气泄漏引发的中毒、火灾、爆炸事故时有发生,如何更好地避免、减少这些灾害事故的发生显得尤为重要。家庭安装和使用适合的燃气报警器可以有效避免此类事故发生。

如图 6-3 所示。家用燃气泄漏报警器一般安装在厨房等地方,当报警器检测到燃气泄漏,报警器会发出声光报警,同时联动外部设备,如有的报警器将检测的输出信号用于控制(开启)排风扇,或用于控制(关闭)燃气阀门,或用于发出通信信号告知业主。

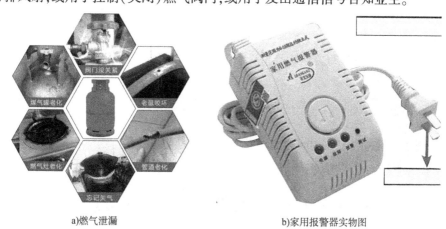

a)燃气泄漏　　　　　　　　b)家用报警器实物图

图 6-3　可燃气体泄漏检测

气体传感器即家用燃气报警器的核心部件,当然气敏传感器的敏感元件不仅只有半导体材料这类,这里就不多讲。半导体材料的气敏传感器因其制造简单,成本低廉,得以广泛应用。一旦发生报警应立即开窗,走到室外,不应在室内开灯、打开任何家用电器或打电话,以免引起爆炸。

2)酒驾检测

随着机动车、驾驶员数量的急剧增加,无视交通规则、酒后驾驶等犯罪行为也有所增加,严重危害了社会和广大人民群众的生命健康。

酒精会影响驾驶员的视觉功能,在驾驶中大部分信息都是通过视觉获得,酒后驾驶危害有多大?据不完全统计,近 50% 的重大交通事故都与酒后驾驶有关。为了防止酒后驾驶造成不必要的交通事故,许多车辆现在都装有酒精检测仪。如果检测到过量的酒精,车辆将无法起动。酒后驾驶检测系统采用酒精传感器测量酒精浓度,当测试对象通过测试接口吹入仪器时,酒精检测器通过酒精传感器对呼出的气体做出反应,其中半导体型的气敏传感器基本用于民用,该种类型传感器采用氧化锡半导体制作,当接触的气体中其敏感的气体浓度增加,它对外呈现的电阻值就降低。因为这种半导体在不同工作温度时,对不同的气体敏感程度是不同的,因此半导体型呼气酒精测试仪中都采用加热元件,在一定温度条件下该传感器对酒精具有最高的灵敏度。如图6-4、图6-5所示。

图6-4 查酒驾

图6-5 酒精检测仪

半导体型气敏传感器虽然稳定性、精度抗干扰性没有燃料电池型呼气酒精测试仪好,但其因材料成本低、制造简单而得以广泛应用。

6.2 湿度传感器

湿度是用来表示大气干燥程度的物理量。在一定的温度下在一定体积的空气里含有的水汽越少,则空气越干燥;水汽越多,则空气越潮湿,即反映了空气的干湿程度。本章介绍的湿敏传感器正是基于湿度的检测为目的而存在。它是能感受外界(被测对象)湿度变化(水分含量变化),利用该器件敏感元件材料的物理或化学性质变化,将湿度转换为电信号的装置。

6.2.1 概述

在医疗、制造、农业和工业生产过程等人类活动的相关领域,湿度都扮演着关键角色。在农业生产中,湿度的测量对于农作物的防露、土壤水分的监测、抑制霉变等具有重要意义;在医疗领域,湿度控制应用于呼吸设备、灭菌器、培养箱、制药加工和药品储存;在工业过程控制、高科技仪器制造等领域,合适的湿度环境有利于获得高品质产品。因此,湿度的监测、量化及控制显得如此重要。

湿度表示空气中水蒸气含量的物理量,常用绝对湿度、相对湿度等表示。

1) 绝对湿度(Absolute Humidity)

绝对湿度是指每立方米空气中所含水蒸气的质量,也就是空气中水蒸气的密度。用符号 AH 表示,其定义式为:

$$AH = \frac{m_v}{V} \qquad (6-1)$$

式中:m_v——待测空气中水蒸气的质量;
 V——待测空气的体积。

绝对湿度 AH 的单位为 g/m³ 或 mg/m³。

需要注意的是在一定气压,一定温度条件下,空气中的水蒸气含量是有上限的,如果空气中所含水蒸气含量超过该限度,则水蒸气会凝结而产生降水,因此实际含有水蒸气的数值用绝对湿度表示。水蒸气含量越多,则空气的绝对湿度越高。

2)相对湿度(Relative Humidity)

相对湿度是指在温度相同的情况下,被测空气中绝对湿度与可能达到的最大绝对湿度之比,用符号 RH 表示。其表达式为:

$$RH = \frac{P_v}{P_w} \times 100\% \tag{6-2}$$

式中:P_v——温度 T 时的水蒸气分压;

P_w——同等温度条件下待测空气的饱和水蒸气压。

显然,绝对湿度表示了水蒸气在空气中的含量,而相对湿度则表示了大气的潮湿程度,日常生活中所说的空气湿度实际是指这里提到的相对湿度,合适的相对湿度可抑制病菌的滋生和传播,也可使人体免疫力提高。

6.2.2 湿敏传感器的分类及工作原理

湿度传感器主要由两部分组成,即敏感元件和转换电路。其中敏感元件取决于湿敏材料,其吸附的水分子会影响湿敏材料的电性能;转换电路用于处理敏感元件的电信号,使得传感器输出信号有效。从而把环境湿度转换为有效电信号输出。

近年来,湿敏传感器发展迅速,种类繁多。基于不同的应用领域的工作条件不同,基于不同材料,不同工作原理,湿敏传感器有不同的分类。湿度传感器按测量单位分为相对湿度(RH)传感器和绝对湿度(AH)传感器两大类。在日常生活的大多数湿度测量应用中,相对湿度传感器应用更广泛。相对湿度传感器根据不同的传感原理,分为电阻型、电容型及其他种类。这里主要介绍电阻型和电容型湿度传感器。

1)电阻型湿度传感器

1978 年 Nakaasa 仪器有限公司开发了高精度(1%)薄膜电阻型湿度传感器 Hument,这也是最早应用的电阻型湿度传感器,是由在氧化铝衬底上的叉指电极上覆盖一层共聚的铵盐类聚合物薄膜制备而成。早期的传感器尺寸较大,响应时间较长,吸附反应时间较长。

该类传感器的敏感元件种类较多,如金属氧化物湿敏电阻,氯化锂湿敏电阻,陶瓷湿敏电阻,高分子湿敏电阻等。常见的湿敏传感器是以湿敏材料的电阻或者阻抗变化为依据,这类传感器的湿敏材料的电阻或阻抗受相对湿度影响较大,随相对湿度的增大而减小,正是基于这样的原理开发了电阻型湿度传感器。当水蒸气吸附于敏感材料时,受水分子电离的影响,材料中的离子载体或可移动离子增加,自由电荷变化,材料的电导率增加,阻抗值下降,从而通过电阻值或阻抗的变化,测量湿度的大小。

电阻型湿度传感器一般由两部分组成,即敏感导电层和接触电极,其中敏感导电层沉积在绝缘衬底上,电极通常是用厚膜印刷技术或薄膜沉积技术在玻璃、陶瓷或硅衬底上沉积贵金属制成,基片上覆盖一层湿敏薄膜材料(对湿度变化敏感),该材料沉积在电极之间。其结构都是基于叉指电极结构设计,如图 6-6 所示。

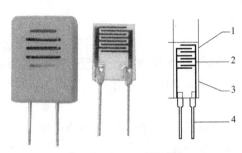

图6-6 电阻型湿度传感器
1-基片；2-电极；3-感湿膜；4-引脚

电阻型湿度传感器因其生产成本低、结构简单、灵敏度高、线性度较好、稳定性好等优点得以大批量生产,广泛应用。但也受敏感材料影响,响应时间较长,测量过程中有一定滞后性,只能定期使用而无法连续使用。

目前,电阻型湿度传感器的敏感材料部分一般由多孔陶瓷(对水分子吸附能力较强)或聚合物构成,敏感材料的更新,延长了传感器的使用寿命,可在恶劣条件下工作,响应时间短,测量精度高,测温范围宽(常温湿敏传感器的工作温度在150℃以下,高温湿敏传感器的工作温度可达800℃),工艺简单,成本低廉等。但该类材料易受环境烟雾等影响,长期使用过程中,需要对敏感元件定期加热处理,以保证其对湿度的敏感性。

2)电容型湿度传感器

电容型湿度传感器敏感元件的电容量(储存电荷的多少)随相对湿度的变化而变化,也就是周围环境湿度变化时,该类传感器敏感元件(湿敏电容)两极板之间介质的介电常数发生变化,使得电容量变化。湿敏电容极板间介质主要有陶瓷材料或有机高分子材料。其结构组成主要由两个电极,高分子薄膜和基板组成,我们以高分子电容式湿敏元件为例,其结构如图6-7所示。

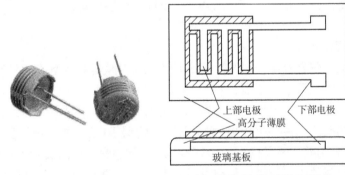

a)湿敏电容　　b)高分子电容式湿敏元件结构

图6-7 电容型湿度传感器

图6-7中,在玻璃基板上覆盖了高分子薄膜,薄膜上的电极是很薄的金属微孔蒸发膜,水分子可通过两端的电极被高分子薄膜吸附或释放,在此过程中高分子薄膜的介电系数也将发生变化,因此电容值将变化,测得的相对湿度也会变化。

电容型湿度传感器制作简单,灵敏度高,低功耗操作,高输出信号,在工业、科研研究领域占有率较高。

该类传感器比较典型的结构是平行板结构,它的两个金属电极沉积在基板上,并涂有介电聚合物或多孔陶瓷金属氧化物薄膜层,该薄膜层非常薄,是传感器的敏感材料部分,正因其薄使得该传感器灵敏度高,随相对湿度变化输出强烈的电信号,也使得水分子容易进出,使之快速干燥,易于校准。

虽然电容型湿度传感器有一定滞后性,响应速度较慢,输出信号低,但是其灵敏度高,生产成本低,是最常用的商用湿度传感器。

6.2.3 湿度传感器的选择与使用

湿度传感器的选择我们需知道测量的对象是什么,测量环境是怎样的,也需要明确测量范围,除科研、气象部门外,一般不需要全湿程(测量范围为 0~100% RH)测量。大多数情况下,选择通用型湿度仪就可以了。其次是明确对测量精度的要求是多少,因为不同的精度,传感器的制造成本相差很大,比如1只廉价的湿度传感器只有几美元,而1只供标定用的全湿程湿度传感器要几百美元,相差近百倍,因此合适的才是最好的。对湿度传感器而言,生产商一般是分段给出传感器精度,并且对应精度往往是在一定温度条件下,如中、低温段(0~80% RH)为±2% RH,而高湿段(80%~100% RH)为±4% RH。此外,在不同温度环境条件下使用该传感器需考虑温度漂移的影响。环境温度的变化会影响环境的相对湿度,相对湿度的变化也将影响湿度传感器的检测结果,所以控湿先要控好温,这也是市面上往往是温湿度一体传感器而不是单纯测量湿度的传感器的原因。此外,在选择湿度传感器时还需明确测量时准备采用的供电电压是多少,输出的信号是什么形式的以及准备采用何种方式安装固定。

几乎所有的传感器都存在时漂和温漂,一般情况下,生产商会标明一次标定的有效使用时间为1年或2年,到期需要重新标定。如果选用的是高分子聚合物材料的电容型湿度传感器,用于高温高湿区或负温高湿区环境下使用,需要对温度漂移进行补偿,以保证测量误差不会太大。

6.2.4 湿度传感器的应用

从湿度传感器的相关内容介绍,不难看出,不同环境的湿度测量需要选用不同的湿度传感器,在生产、生活中湿度的监控显得尤为重要,比如交通气象监测、农业种植、医疗等方面。由于我们测量的湿度往往是基于相对湿度,而相对湿度又与环境温度有关,因此一些情况下不再采用单纯的湿度传感器,而是采用温湿度传感器。在未来,传感器也将向多功能、集成化、智能化趋势发展。

1)公路交通气象观测

我国公路交通事故的发生,有一部分是受恶劣天气的影响。近年来,各地高速公路在相应路段配备了先进的气象观测站,主要是利用各类传感器技术、自动控制技术等自动定时观测、发报或记录的地面气象,如图6-8所示。

一般情况下,气象站所用的传感器会涉及温湿度传感器、风速风向传感器、气压传感器等在内的监测温湿度、气体、风向、降水、气压等因素的多种气象传感器类型。在交通气象站中的温湿度探头 HTG3515 作为温湿度变送器,因其外形小巧、精致,安装方便,功耗低等优点得以广泛应用。

图6-8 公路交通气象观测设备

2) 变配电站高压开关柜除湿(图6-9)

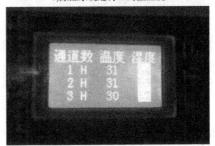

a)除湿系统整体效果图　　　　　　　b)除湿系统运行1h的温湿度　　　　　　　c)除湿系统运行48h的温湿度

图6-9 变配电站高压开关柜除湿

高压开关柜柜内湿气太重将带来安全隐患,水汽进入高压开关柜,会在电缆及铜排连接处的尖端放电,电解产生的氧离子与空气中的氧气结合生成臭氧,长此以往,臭氧将对相关绝缘材料造成破坏,导致绝缘材料的绝缘能力降低,遇空气中的粉尘溶解在结晶水里将在绝缘表层形成电弧,从而进一步破坏其绝缘性能,导致柜中电气设备发生短路等情况。

通过加装湿度控制装置,水汽采集及处理装置,能有效降低因开关柜内湿度太大引发的安全事故发生率。其中湿度控制装置用到了多个湿度传感器,当任何一个传感器检测到相对湿度达到60%,湿度控制器将使除湿系统运行,通过通风管道将潮湿空气送风到除湿主机除湿,再将生成的水排出变配电站(包括变配电站室内、电缆沟内、开关柜内)。使得对湿度进行监测、控制,将变配电站内(变配电站室内、电缆沟内、开关柜内)潮湿空气抽入除湿装置中变成液体水,降低了环境湿度。

3）高分子湿度传感器用于加湿器中

冬天室内空气变得干燥，人体水分容易流失，近年来人们开始关注并购买加湿器（图6-10），改善了室内空气的湿度状况，有利于保护皮肤不受损伤，也利于人体的新陈代谢。

值得注意的是，一般人在使用过程中很少调节湿度，只是将其打开，室内相对湿度过大也会有弊端，比如有利于细菌、霉菌等繁殖，会导致人体呼吸不适，免疫力下降，危害人体健康。那么什么时候需要打开加湿器，什么时候需要关闭加湿器并通风呢？高分子湿度传感器可以检测环境的湿度，当检测到的空气湿度超过标准值，湿度传感器将该信号传送给控制器，控制器再控制相应执行机构进一步调节或改善室内湿度情况。

图6-10 加湿器

本章小结

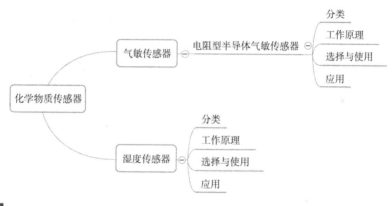

习题

1. 气敏传感器可以分哪几种类型？
2. 什么是绝对湿度？
3. 什么是相对湿度？
4. 日常生活中所谓的大气湿度是指绝对湿度还是相对湿度？
5. 电容型湿度传感器工作原理是什么？有何特点？
6. 电阻型湿度传感器工作原理是什么？有何特点？
7. 为什么大多数气敏元件都附有加热器？
8. 酒驾检测所用的传感器的内部工作原理是什么？
9. 生活中，气敏传感器、湿度传感器还有哪些应用？试列举一二。

第 7 章　传感器输出信号处理技术

> **学习目的**
> - 了解传感器输出信号的特点；
> - 了解传感器的补偿原理和方法；
> - 了解传感器的干扰因素及抗干扰技术方法。

由于传感器的工作环境一般都比较复杂，使用时各种干扰信息也会通过不同的耦合方式进入传感器，使测量结果偏离准确值，严重时会使传感器不能正常工作。为保证传感器不受外界干扰，需要研究和引入抗干扰技术，以保证传感器的正确测量，减小误差。

另外，传感器使用时一般都与专用的测量电路进行有效结合，才能保证其正常工作，并克服传感器本身的不足，扩展其功能，使传感器的功能得到充分的发挥。同时，为使传感器的输出信号能用于仪器、仪表的显示或控制，往往要对输出信号进行必要的加工处理。

信号处理是检测系统的重要组成部分。它的作用是把传感器输出的电信号引出，并进行滤波、补偿、放大等处理，使其形成具有良好信噪比、具有一定幅值的电压或电流信号。通过信号处理，传感器的输出信号能够克服某些环境因素的干扰，从而保证其良好的线性特性和稳定性。常见的信号处理电路包括：线性补偿电路、温度补偿电路、信号放大电路等。

7.1　传感器输出信号特点

传感器的种类很多，其输出信号有以下特点：

(1) 传感器输出的信号类型有电压、电流、电阻、电容、电感、频率等，通常是动态变化的。

(2) 传感器输出的电信号一般都比较微弱，如电压信号通常为 $\mu V \sim mV$ 级，电流信号为 $nA \sim mA$ 级。

(3) 传感器内部存在噪声，输出信号会与噪声信号混合在一起，当噪声比较大而输出信号又比较弱时，常会使有用信号淹没在噪声之中。

(4) 传感器的输出信号动态范围很宽，且输出特性不一定是线性比例关系。

(5) 随温度变化按指数函数变化，其输出信号大小受温度的影响，有温度系数存在。

(6) 传感器的输出信号受外界环境(如温度、电场、磁场)的干扰。

(7) 传感器的输出阻抗都比较高，这样会使来自传感器的信号输入测量电路时，产生较大的信号衰减。

7.2 信号补偿电路

7.2.1 非线性补偿

在工程检测中,一般希望显示仪器的值是均匀的,即测量仪表的输出量 y 与被测量 x 之间呈线性关系,以保证仪表在整个测量范围内灵敏系数为常数,以便于处理测量结果。但在实际检测中,利用传感器把许多物理量转换成电量时,大多数传感器的输出电量与被测物理量之间的关系并不是线性的。造成非线性的原因有:传感器变换原理的非线性;转换电路的非线性。当传感器在整个测量范围内非线性程度不是特别严重,或者非线性误差可以忽略时,一般可以采用线性逼近的办法(如端点法、最小二乘法)将传感器近似地用线性关系代替。但对于非线性程度严重或非线性误差不可忽略时,必须对采取一定的方式对输入参量进行非线性进行补偿,或称线性化处理。

非线性补偿的有两种基本方式,硬件电路补偿和软件补偿。硬件补偿一般采用闭环补偿电路或差动补偿电路来实现。软件补偿是利用计算机,对传感器输出特性进行数学处理,使输出的数字量与被测物理量之间呈线性关系,从而实现非线性补偿。

软件补偿一般有三种方法:计算法、查表法及插值法。

1)计算法

当传感器的输入量与输出量之间有确定的数学表达式时,就可采用计算法进行非线性补偿。计算法就是对传感器输出特性数学表达式进行计算程序处理。当被测量经过采样、滤波和变换后,直接进入计算程序进行计算,计算后的数值即经过线性化处理的输出量。在工程实际中,被测参量和输出量常常是一组测定的数据,这时可应用数学上曲线拟合的方法,一般采用最小二乘法,求得被测参量和输出量的近似表达式。

2)查表法

某些情况下,参数计算非常复杂,特别是计算公式涉及指数、对数、三角函数和微分、积分等运算时,编制程序相当麻烦,采用计算法会增加编写程序的工作量和占用计算时间,此时可以采用查表法。此外,当被测量与输出量没有确定的关系,或不能用某种函数表达式进行拟合时,也可采用查表法。

所谓查表法,就是事先把检测值和被检测值按已知的公式计算出来,或者用测量法事先测量出结果,然后按一定方法把数据排成表格并存入内存单元,之后微处理器就根据检测值大小查出被测结果。

在实际测量时,输入参量往往并不正好与表格数据相等,一般介于某两个表格数据之间,若不做插值计算,仍然按其最相近的两个数据所对应的输出数值作为结果,必然有较大的误差。所以查表法大都用于测量范围比较窄,对应的输出量间距比较小的列表数据,例如室温用数字式温度计等。不过,此法也可用于对精度要求不高但测量范围较大的情况。

查表法具有程序简单、执行速度快等优点。常用的查表法有顺序查表法和对分搜索法。

3)插值法

插值法就是用一段简单的曲线,近似代替这段区间里的实际曲线,然后通过近似曲线公式,计算出输出量。使用不同的近似曲线,就形成不同的插值方法。在仪表和传感器线性化中常用的插值方法有:线性插值法、二次插值法。

(1) 线性插值法(又称折线法)

线性插值法是一种常用的插值方法,其基本思想是用通过 n_1 个插值接点的 n 段直线来代替函数 $y=f(x)$ 的值。在数学上用下述简单公式表示:

$$y_i = y_k + \frac{y_{k+1} - y_k}{x_{k+1} - x_k} \cdot (x_i - x_k) \tag{7-1}$$

当检测值 x_i 确定后,首先通过查表确定 x_i 所在区间,再顺序调到预先计算好的 $\frac{y_{k+1} - y_k}{x_{k+1} - x_k}$ 系数项,然后代入插值公式计算出 y_i。

采用线性插值法,只要段数分得足够多,就可以得到必要的计算精度,但这需要增加大量的分段数据和计算机内存容量。因此,在满足精度前提下,选取合适的分段数,以减少标定点数和内存容量,并提高运算速度。

(2) 二次插值法(又称抛物线法)

若传感器的输入和输出之间的特性曲线的斜率变化很大,则两插值点之间的曲线将很弯曲,这时若仍采用线性插值法,误差就很大。为了改善精度,可以采用二次插值法。它的基本思想是用 n 段抛物线,每段抛物线通过 3 个相邻的插值接点,来代替函数 $y=f(x)$ 的值。y_i 的计算公式为:

$$y_i = \frac{(x_i - x_{k+1})(x_i - x_{k+2})}{(x_k - x_{k+1})(x_k - x_{k+2})} \cdot y_k + \frac{(x_i - x_k)(x_i - x_{i+2})}{(x_{k+1} - x_k)(x_{k+1} + x_{k+2})} \cdot y_{k+1} + \frac{(x_i - x_k)(x_i - x_{k+1})}{(x_{k+2} - x_k)(x_{k+2} - x_{k+1})} \cdot y_{k+2} \tag{7-2}$$

它和线性插值的不同之处,在于用抛物线代替直线,这样做的结果是更接近于实际的函数值。

用软件进行线性化处理,不论采用哪种方法,都要花费一定的程序运行时间,因此,这种方法并不是在任何情况下都是优越的。特别是在实时控制系统中,如果系统处理的问题很多,控制的实时性很强,这时采用硬件处理是合适的。但一般说来,如果时间足够时,应尽量采用软件方法,从而大大简化硬件电路。总之,对于传感器的非线性补偿方法,应根据系统的具体情况来决定,有时也可采用硬件和软件并用的方法。

7.2.2 温度补偿

对于高精度传感器,温度误差已成为提高其性能指标的严重障碍,尤其在环境温度变化较大的应用场合更是如此。一般传感器都是在标准条件的温度下(20℃±5℃)标定的,但其工作环境温度可能由零下几十度变到零上几十度,传感器是由多个环节所组成,这些基本环节的静特性与环境温度有关,尤其是由金属材料制成的敏感元件的静特性,更是与温度有密切关系,信号调整电路的电阻、电容、二极管和三极管的特性、集成运放的零点及工作特性等都随温度而变化。

对于环境温度变化引起仪表的零点漂移和工作特性的改变,可以采用并联或反馈方式进行修正,也可以进行综合补偿修正。仅靠一些简单的硬件补偿措施实现温度补偿是很困难的,引入微处理器,利用软件来解决这一难题是一条有效途径。但是只有建立精确的温度误差数学模型才能获得满意的效果。这种温度补偿原理如图 7-1 所示。

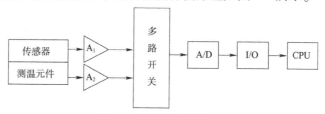

图 7-1 传感器温度补偿原理

下面介绍几种传感器的温度补偿方法:

1) 零点补偿

检测系统在零输入信号时(对某些检测可能是空载),包括信号输入放大器及微机接口电路在内的整个检测部分的输出应为零,但由于零点漂移的存在,它的输出不为零。此时的输出值实际上就是仪表的零点漂移值。微机系统可以把检测到的零漂(即零点漂移的简称)值存入内存中,而后在每次的测量中都减去这个零漂值,这就能实现零点补偿。

2) 零漂的自动跟踪补偿

产生零漂的原因很多,因此,零漂值不是一个定值,它会随环境温度、时间而变化,且不是线性的。在要求比较高的情况下,按定值或一定时间内按定值进行补偿,不能满足检测的要求,在有微机参与的仪表中,可以借助于软件实施零漂的自动跟踪补偿,用跟踪到的零漂值对被测量的采样值进行实时修正,就可以得到满意的结果。

零漂的自动跟踪补偿办法很多。例如每次测量采样之前(或之后),要使控制开关将传感器输入端接到虚拟的"零输入"状态,此时仪表的输出即当前的零漂值,将其存入内存,作为对下一次采样值的零漂修正用。这种办法虽然理想,但会对采样速度带来一定的影响。下述办法是利用每次采样值作一些比较处理判断,使之尽可能得到最新当前零漂值,用以对当前采样值作零漂修正。

由于在一个很短的时间 Δt 内,零漂值漂移增量总是很小的,设它等于或小于 M,M 不会超过被测量在 Δt 内的增量。因此,若本次采样值和上次经零漂修正过的采样值之差 $\Delta x \leq M$,则认为 Δx 是新增的零漂增量,应叠加到原零漂值上成为当前零漂值,并用于修正本次采样值,若 $\Delta x > M$,则表示 Δx 中主要是被测量的增量,因此,用修正上次采样值的零漂值来修正本次采样值。

关于 Δt 的选择:对于 A/D 转换器的采样系统,本次采样到下一次采样开始之间的时间是非常短的,可以采用这一周期时间为 Δt 的时间。

关于 M 的设定:它与不同的被测量及其最大量程的选择有关。在具体的检测系统中,通过调整而获得,然后固定在指定的内存单元中。

7.3 输出信号的干扰及控制技术

"干扰"在检测系统中是一种无用信号,它常叠加在有用信号上,使有用信号发生畸变而造成测量误差。因此要获得良好的测量结果,就必须研究干扰来源及抑制措施。

抗干扰技术是检测技术中一项重要内容，它直接影响测量结果的可靠性。因此，在测量中必须对各种干扰给予充分的注意，并采取有关的技术措施，把干扰降到最低或可容许的限度。

7.3.1 干扰的类型及要素

干扰也叫噪声，是指测量中来自测量系统内部或外部，影响测量装置或传输环节正常工作和测试结果的各种因素的总和。常见的干扰有：

1）机械干扰

机械干扰是指由于机械的振动或冲击，使仪表或装置中的电气元件发生振动、变形，使连接线发生位移，使指针发生抖动、仪器接头松动等。对于机械类干扰主要采取减振措施来解决，例如采用减振软垫、减振弹簧、隔板消振等措施。

2）热干扰

热干扰是指设备和元器件在工作时产生的热量所引起的温度波动以及环境温度的变化都会引起仪表和装置的电路元器件的参数发生变化。

3）光干扰

光干扰是指半导体元件在光的作用下会改变其导电性能，产生电势而引起阻值变化，从而影响检测仪表正常工作。因此，半导体元器件应封装在不透光的壳体内，对于具有光敏作用的元件，尤其应注意光的屏蔽问题。

4）湿度干扰

湿度增加会引起绝缘体的绝缘电阻下降，漏电流增加；电介质的介电系数增加，电容量增加；吸潮后骨架膨胀会使线圈阻值增加，电感器变化；应变片粘贴后，胶质变软，精度下降等。对于湿度干扰通常采取的措施是：避免将其放在潮湿处，仪器装置定时通电加热去潮，电子器件和印制电路浸漆或用环氧树脂封灌等。

5）化学干扰

酸、碱、盐等化学物品以及其他腐蚀性气体，除了其化学腐蚀性作用将损坏仪器设备和元器件外，还能与金属导体产生化学电动势，从而影响仪器设备的正常工作。对于化学干扰，通常采取的措施是根据使用环境对仪器设备进行必要的防腐措施，将关键的元器件密封并保持仪器设备清洁干净。

6）电磁干扰

电磁干扰是指通过电路或磁路对测量仪表产生干扰作用，电场和磁场的变化在测量装置的有关电路或导线中感应出干扰电压，从而影响测量仪表的正常工作。这种电磁干扰对于传感器和各种检测仪表来说是最为普遍、影响最严重的。

对由传感器形成的测量装置而言，形成噪声干扰通常有三个要素：噪声源、通道（噪声源到接收电路之间的耦合通道）、接收电路。

按照噪声产生的来源，噪声可分为两种：

（1）内部噪声。内部噪声是由传感器或检测电路元件内部带电微粒的无规则运动产生的，例如热噪声、散粒噪声以及接触不良引起的噪声等。

（2）外部噪声。外部噪声则是由传感器检测系统外部人为或自然干扰造成的。外部噪声的来源主要为电磁辐射，当电机、开关及其他电子设备工作时会产生电磁辐射，雷电、大气电离及其他自然现象也会产生电磁辐射。在检测系统中,由于元件之间或电路之间存在着分布电容或电磁场,因而容易产生寄生耦合现象。在寄生耦合的作用下,电场、磁场及电磁波就会引入检测系统,干扰电路的正常工作。

干扰信号进入接收电路或测量装置内的途径,称为干扰信号的耦合方式。干扰的耦合方式主要有:电磁耦合、电容耦合、漏电流耦合、共阻抗耦合等。

7.3.2 干扰控制方法

根据噪声干扰必须具备的三个要素,检测装置的干扰控制方式主要有三种:消除或抑制干扰源;阻断或减弱干扰的耦合通道或传输途径;削弱接收电路对干扰的灵敏度。比较起来,消除干扰源是最有效、最彻底的方法,但在实际中是很难完全消除的。削弱接收电路对干扰的灵敏度可通过电子线路板的合理布局,如输入电路采用对称结构、信号的数字传输、信号传输采用双绞线等措施来实现。

干扰噪声的控制方法常用的有:屏蔽技术、接地技术、隔离技术、滤波器等硬件干扰措施,以及冗余技术、陷阱技术等微机软件干扰措施。对其他种类的干扰可采用隔热、密封、隔振、蔽光等措施,或在转换为电量后对干扰进行分离或抑制。

1) 屏蔽

屏蔽就是用低电阻材料或磁性材料把元件、传输导线、电路及组合件包围起来,以隔离内外电磁或电场的相互干扰。屏蔽可分为三种,即电场屏蔽、磁场屏蔽及电磁屏蔽。

(1) 电场屏蔽主要用来防止元件或电路间因分布电容耦合形成的干扰。在静电场作用下,导体内部无电力线,即各点等电位。因此采用导电性能良好的金属外屏蔽罩,并将它接地(静电屏蔽罩必须与被屏蔽电路的零信号基准电位相连),使其内部的电场线不外传,同时也不使外部的电场影响其内部。

(2) 磁场屏蔽主要用来消除元件或电路间因磁场寄生耦合产生的干扰。磁场屏蔽的材料一般都选用高磁导系数的磁性材料。

(3) 电磁屏蔽主要用来防止高频磁场的干扰。电磁屏蔽的材料应选用导电率较高的材料,如铜、银等,利用电磁场在屏蔽金属内部产生涡流而起到屏蔽作用。电磁屏蔽的屏蔽体可以不接地,但一般为防止分布电容的影响,可以使电磁的屏蔽体接地,起到兼有电场屏蔽的作用。电场屏蔽体必须可靠接地。

2) 接地

电路或传感器中的地指的是一个等电位点,它是电路或传感器的基准电位点,与基准电位点相连就是接地。接地是保证人身和设备安全、抗噪声干扰的一种方法。合理地选择接地方式是抑制电容性耦合、电感性耦合以及电阻耦合,减小或削弱干扰的重要措施。

接地的种类主要有屏蔽接地或机壳接地、信号接地(模拟、数字接地)、负载接地和交流电源地等。

(1) 低频电路一点接地

如图7-2所示为单级电路的一点接地,它可有效克服地电位差的影响和公共地线的共阻抗引起的干扰。对电子电路的一点接地要求所有线路的地线接到同一公共点上,这样的电路比较简单,但地线往往过长,导致地线阻抗过大。

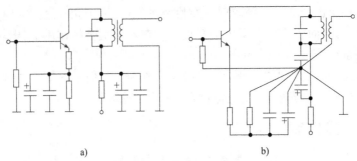

图 7-2　单级电路的一点接地

图 7-3 为多级电路的一点接地,包括串联式和并联式两种接法。其中串联式接地线少,比较简单,但存在公共阻抗耦合,易产生相互之间的干扰;并联式接地线多,但无公共阻抗耦合,可以有效避免各电路之间的干扰。把接地和屏蔽正确结合起来使用,就可抑制大部分的噪声。

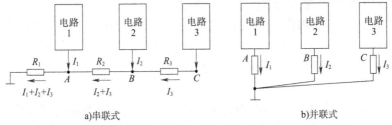

图 7-3　多级电路的一点接地

(2) 高频电路多点接地

对于信号频率大于 10MHz 的高频电路,要求强电地线与信号地线分开设置;模拟信号地线与数字信号地线分开设置;交流地线与直流地线分开设置。大面积多点接地如图 7-4 所示。

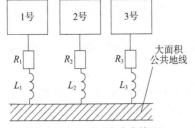

图 7-4　大面积多点接地

3) 隔离

前后两个电路信号端直接连接,容易形成环路电流,引起噪声干扰。这时,常采用隔离的方法,把两个电路的信号端从电路上隔开。隔离的方法主要采用变压器隔离和光电耦合器隔离。

如图 7-5 所示,在两个电路之间加入隔离变压器可以切断环路,实现前后电路的隔离,变压器隔离只适用于交流电路。在直流或超低频测量系统中,常采用光电耦合的方法实现电路的隔离。

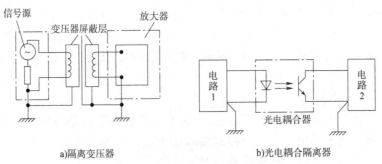

图 7-5　变压器隔离和光电耦合器隔离

4）滤波

滤波电路或滤波器是一种能使某一种频率顺利通过,而另一部分频率受到较大衰减的装置。因传感器的输出信号大多是缓慢变化的,因而对传感器输出信号的滤波常采用有源低通滤波器,即它只允许低频信号通过而不能通过高频信号。常采用的方法是在运算放大器的同相端接入一阶或二阶 RC 有源低通滤波器,使干扰的高频信号滤除,而有用的低频信号顺利通过;反之,可在输入端接高通滤波器,将低频干扰滤除,使高频有用信号顺利通过。

除了上述滤波器外,有时还要使用带通滤波器和带阻滤波器。带通滤波器的作用是只允许某一频带内的信号通过,而比通频带下限频率低和比上限频率高的信号都被阻断,它常用于从众多信号中获取所需要的信号,而使干扰信号被滤除。带阻滤波器和带通滤波器相反,在规定的频带内,信号不能通过,而在其余频率范围,信号则能顺利通过。总之,由于不同检测系统的需要,应选用不同的滤波电路。

在实际测量中,对于影响检测系统或测量装置的精度和线性度等性能指标的因素,要进行相应的补偿。并且由于传感器的工作环境一般都比较复杂,为保证传感器不受外界干扰,需要研究和引入抗干扰技术,以保证传感器在使用中,能正确测量,减小误差,把干扰降到最低或允许的程度。

本章小结

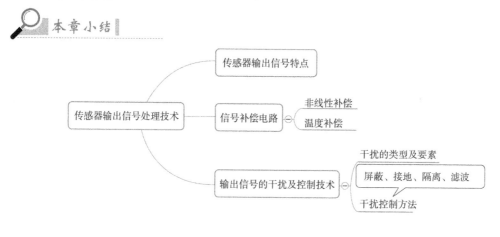

习题

1. 传感器输出信号有哪些特点?
2. 传感器的输出特性的非线性补偿方法有哪些?
3. 测量装置常见的噪声干扰有哪几种? 通常可采用哪些措施?

第8章 传感器的综合应用——小制作

8.1 电阻应变式力传感器制作的数显电子秤

数显电子秤是将传感器技术、计算机技术、信息处理、数字技术等技术综合一体的现代新型称重仪器。常用的称重传感器分为压磁式称重传感器、电容式称重传感器、电阻应变式称重传感器等。

压磁式称重传感器的检测原理是基于压磁效应,将待测物品重量的变化转换为磁导率的变化。压磁式称重传感器的优点在于输出信号大、抗干扰性能好、过载能力强,缺点在于准确度低、反应速度慢。

电容式称重传感器将待测物品的重量转换为电容变化,利用电容极板间距变化检测物品的重量。电容式称重传感器存在输出特性的非线性、寄生电容、分布电容对灵敏度和称重精度的影响较大,同时传感器的接口电路较复杂,影响传感器的可靠性。

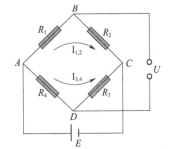

图8-1 电阻应变片全桥测量电路

电阻应变式称重传感器将待测的力转换为电阻变化,通过金属弹性形变得到电阻值的改变。测量时采用四个电阻应变片构成全桥等臂测量电路,各臂参数一致,各种干扰的影响容易相互抵消,有效抑制干扰,如图8-1所示,其中R_1、R_2、R_3、R_4为电阻应变片。

电阻应变式称重传感器具有测量精度高、温度特性好、工作稳定等优点,所以在本设计中我们采用电阻应变式传感器来制作数显电子秤。

8.1.1 数显电子秤的工作设计原理

电阻应变式传感器是根据应变原理,通过应变片和弹性元件将机械构件的应变或应力转换为电阻的微小变化再进行电量测量的装置,其工作原理框图如图8-2所示。

图8-2 电阻应变式传感器工作原理框图

数显电子秤的外观结构如图8-3所示,该电子秤设计主要由电阻式应变片、放大电路、A/D转换电路、滤波电路、显示模块及控制电路组成,其硬件设计框架图如图8-4所示。此外,该电子秤还具有去皮、报警功能。

数显电子秤的工作设计原理:当被测物体放置到称重平台上时,电阻式应变片将随称重悬臂一起发生形变应变,传感器的力效应则转化成电效应,也就是物体的重量将转换为与被测物体重量呈一定线性函数关系的模拟电信号,只是这个时候该信号还属微弱级别,因而需通过测量转换电路将其进行放大、滤波后,再经由 A/D 转换电路转换为数字信号,最后送入单片机进行数据处理。具体的,单片机将对键盘和各种功能开关提供实时扫描,并根据键盘输入内容和各种功能开关的状态作出判断、分析,同时由软件程序来控制各种运算,最后将运算结果显示在液晶屏上。

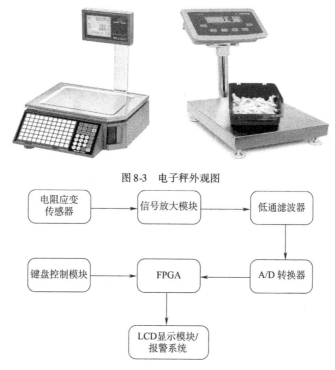

图 8-3　电子秤外观图

图 8-4　电子秤硬件组成框图

8.1.2　元器件选择

硬件电路部分采用 24 位 A/D 转换芯片 HX711 对电阻式应变片采集到的模拟量进行 A/D 转换。控制模块采用单片机芯片 STC89C51 最小系统板。显示电路采用 LCD12864 来实现。

1) 传感器模块选择

系统利用全桥电路将电阻应变片设计成惠斯特电路,能够有效地抑制温漂,减少误差,当应变片受力变形时,其电阻值也变化,电桥将输出相应的电信号。

2) 控制模块选择

采用单片机芯片 STC89C51 最小系统板,如图 8-5 所示。

3) A/D 转换器选择

考虑到本系统中对物体重量的测量和使用的精度要求,以及对转换速率也呈现出明确快捷要求,在实际应用中采用 24 位的 A/D 转换器 HX7411。A/D 转换电路图如图 8-6 所示。

HX711 芯片即一种专为高精度电子秤而设计发布的 24 位 A/D 转换器芯片,与同类型其他芯片相比,该芯片的选用不仅降低了电子秤的整体成本,更重要的则是提高了整机的性能和可靠性。该芯片与后端 MCU 芯片的接口和编程非常简单，所有控制信号均由管脚驱动，无须对芯片内部的寄存器来拓展配置编程。输入选择开关可任意选取通道 A 或通道 B，与其内部的低噪声可编程放大器相连。通道 A 的可编程增益为 128 或 64，对应的满额度差分输入信号幅值分别为 ±20mV 或 ±40mV。通道 B 则为固定的 32 增益，用于系统参数检测。芯片内提供的稳压电源可以直接向外部传感器和芯片内的 A/D 转换器提供电源，系统板上无需添加另外的模拟电源。芯片内的时钟振荡器不需要任何外接器件，上电自动复位功能简化了开机的初始化过程。

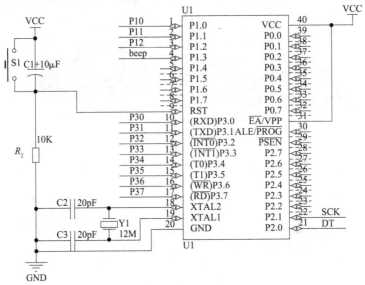

图 8-5　STC89C51 最小系统板

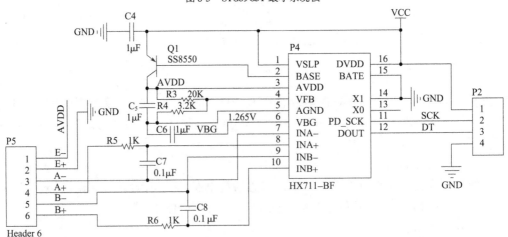

图 8-6　A/D 转换电路

4) 按键模块选择

矩阵键盘电路如图 8-7 所示。各按键的功能为："0,1,2,3,4,5,6,7,8,9"为数字键，"."为小数点键，"去皮"为将测得的毛皮质量的清零，"累加"将待测物品的金额进行累加，"取消累加"则取消累加金额的功能，"价格"则为设置单价。由于此电子秤需要有去除毛重和超重预警的功能，所以设置了三个按键。三个按键的功能分别为去除毛重、增大警告值和减小警告值。当被测物体重量超过系统设计所允许的限值时,利用控制程序使单片机的 I/O 口控制蜂鸣器发出警报声和继电器导通。

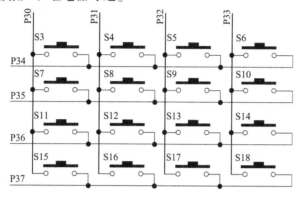

图 8-7 矩阵键盘电路

5)显示模块选择

显示模块电路采用 LCD12864 来实现,将待测物品的重量、物品单价、物品总价显示在 LCD 液晶屏上。当测量物品超重时,LCD 液晶屏上提示错误。如图 8-8 所示为显示模块电路。

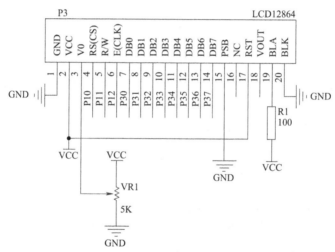

图 8-8 LCD 显示屏接口电路

8.1.3 制作与调试

接通电源待模块初始化完成后,若空载时显示重量不为零,可按去皮键进行零点校准。校准后将待测物品放到秤台上称重,液晶屏上会显示该物品的重量,若该物品重量超出设定的测量范围,液晶屏会显示测量错误并且蜂鸣器报警;若未超出设定的测量范围,可进行设定单价以及金额累加等后续操作。系统上待 HX711 模块初始化完成后,将物体放在秤台上进行称重。电阻应变片产生形变且电阻值变化,产生的差分电压经 HX711 内部集成的 128 倍增益可编程放大器放大。之后进行 A/D 转换,将转换的结果交由单片机进行后续处理,并将处理结果显示在液晶屏上。如图 8-9 ~ 图 8-11 所示。

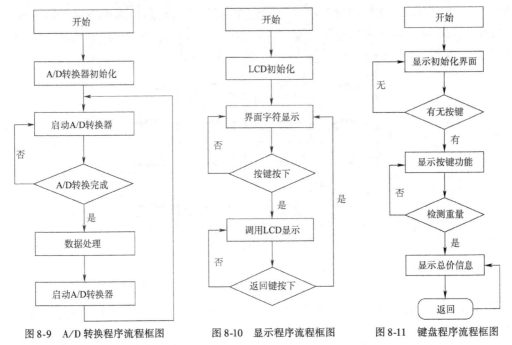

图 8-9 A/D 转换程序流程框图　　图 8-10 显示程序流程框图　　图 8-11 键盘程序流程框图

软件调试部分可以采用 Proteus 对电路进行仿真和调试。通过测试,电子秤可以实现用键盘设置单价,称重后能在 LCD 液晶屏上显示单价、重量和总价。

可能存在的误差分析:造成误差的原因与称重环境的温度、应变片的粘贴、程序中的数据处理有关,因此提出改进。首先从电路方便着手,抑制温漂,使得温度的影响降低;其次从粘贴应变片的工艺出发,减少人为因素造成的影响。还需要对程序进行优化,使得经过系数修正后,电阻应变片的形变量与电压量呈线性关系。

8.2 差压式液位传感器用于液位检测

在很多工业自动化生产过程中,为了实现安全快速的有效生产,经常需要对液位进行精确测量。液位的测量方法有直接法和间接法,通常采用间接的方法对液位进行测量,如浮力式、压差式、电容法、超声波法、光纤法等,由于电容式压差液位传感器价格低廉、结构简单,被广泛应用于各种领域。

8.2.1 工作原理

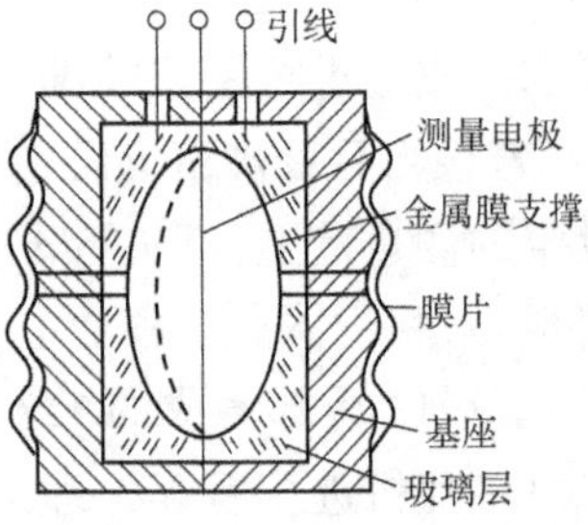

差压式液位传感器的测量原理是当被测介质面液位发生变化时将会引起电容变化,通过测量电容值的大小便能判断出传感器所在位置液位的高低,然后采用简便可靠的信号处理手段将其转换成便于使用和理解的电信号呈现出来。差压传感器的结构如图 8-12 所示,系统硬件组成框图如图 8-13 所示,该系统由电容式差压传感器、A/D 转换器 AD7745、电源、单片机、按键、LCD 液晶显示、串口通信等组成。

图 8-12 差压传感器的结构

第8章 传感器的综合应用——小制作

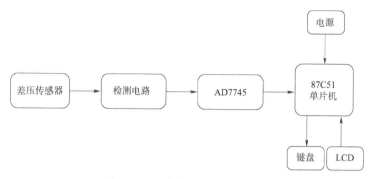

图 8-13 差压传感器的硬件组成框图

8.2.2 元器件选择

由于电容式差压传感器中电容值和电容变化量都十分微小,难以直接为仪表所显示和记录。因此,需要一些测量电路检测出电容的微小变化量,并转换成相应的电压、电流或频率输出,如式(8-1)所示把压差的变化转换成电压输出。常用测量电路有:调频电路、运算放大器电路、二极管双 T 形交流电桥、环形二极管充放电路、脉冲宽度调制电路等。

$$U_0 = K\Delta P \tag{8-1}$$

式中:U_0——电容传感器转换电路输出的电压值;

K——与电容结构和电路结构有关的常数。

1) A/D 转换器选择

考虑到成本和精度问题,A/D 转换器选用 AD7745,精度可达 4fF,线性度高达 0.01%,其输入共模偏置电容最大可达 17pF,输入电容变化范围为 ±4.096pF。若待测电容输入范围超出了极限值,但在 ±100pF 内,则可采用扩大激励电压的方式使其范围变为 ±100pF,其转换电路如图 8-14 所示。

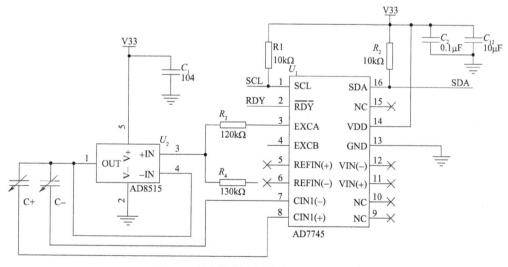

图 8-14 扩大激励电压的方式 A/D 转换电路

2) A/D 转换器选择

单片机系统选用 87C51 型号,因其是一种典型的低功耗微处理器,且具有体积小、重量轻、抗干扰能力强、环境要求不高、价格低廉、可靠性好、灵活性好、开发较为容易等优点,时钟频率0~16MHz。

3) 电源模块选择

考虑到低功耗、低成本、稳定可靠等诸多因素,采用REG1117-3.3稳压芯片将5V的锂电池电压变为3.3V,对系统进行供电。其电源电路模块如图8-15所示。

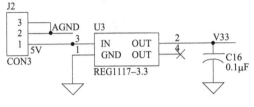

图8-15 电源模块电路

4) 键盘与LCD选择

键盘采用28非编码键盘。显示器模块则采用1602液晶显示器,它是一种功耗低、体积小、重量轻的显示器件,是袖珍仪表和低功耗系统中的首选器件。

8.2.3 制作与调试

如图8-16所示为软件操作流程模块化结构,可靠性和通用型好,且易于修改扩展。

首先,给系统通电后,对87C51进行初始化,接着87C51通过I^2C总线向AD7745发出控制命令,对其初始化并进行参数设置,完成AD7745的初始化之后,进入测量工作状态。

然后,AD7745便开始采集数据,每隔一段时间就输出24bit数据结果,随后将得到的二进制数据进行转换处理,就可以得到差压值。在转换完成后,AD7745会产生一个下降边沿信号,用于触发87C51的外部中断,当87C51接收到相应的外部中断后会在运行周期到达后,读取测量数据值。

最后,将测量数据发送至LCD上。

主循环周期由定时器控制。到达运行周期后,首先判断是否有外部中断的标志,如果被置位,说明AD7745已经完成一次电容测量。

可能存在问题分析:

(1) 误差问题。传感器本身存在一定的误差,在异常状态下容易出现假值,这种情况下需要多次测量取平均值。还有测量方法的不规范也可能导致误差出现。测量环境温度的变化也会引起一些误差,解决方案就是在测量电路中加入温度补偿电路。

(2) 外界环境影响。由于测量电路电缆存在分布电容,因此,在使用屏蔽电缆防止引入干扰的同时,还应采取驱动屏蔽技术,使电缆的影响降到最小。

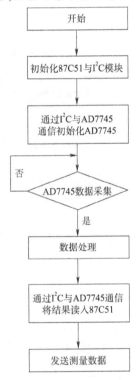

图8-16 软件操作流程框图电路

8.3 光控延时照明灯

在现实生活中,有很多场合的照明系统都处于常亮状态,比如教室走廊、厕所、居民区楼道等公共场所,造成了不必要的电量损失,尤其是人流量比较大的场合如果频繁开启开关,容易降低墙壁开关的寿命,这样既耗资,又增加维修人员的工作量。

以大学的教室为例,虽然白天光线充足,但有些教室的灯依然照常工作;当光线不足时,可能存在只是某一区域内有人,其他区域无人的现象,但是整个照明系统都在工作,因此设计一种不需要开关的光控电路已成为人们日常生活中必不可少的必需品。设计要求如下:

(1)要求电路能够通过对光线强弱的感应控制照明灯的亮灭。

(2)要求电路能够实现有光线时灭,无光线时灯灭,并且照明灯点亮一段时间后自动关断。

8.3.1 工作原理

根据实际要求和功能设计了如图8-17所示的软件控制操作流程图以及硬件控制电路图。

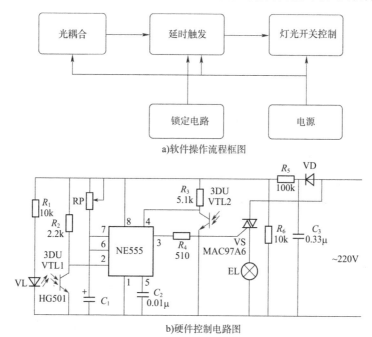

图8-17 光控延时照明灯设计电路图

由图8-17可知,光控延时照明灯电路系统主要由电源模块、延时触发单片机控制模块、光耦合器件模块、锁定电路模块以及LED灯等组成。

光控延时照明灯电路的主要原理:利用光敏元件随光照强度的变化的特点,去控制电信号的强弱,再由传感器将变化的电信号传递给触发器,只要电信号强度达到一定程度将触发触发器使其导通工作。当光线较强时,光敏电阻的阻值变小,VTL2导通,555定时器的复位端4为低电平,整个控制电路被锁定,处于不工作状态,灯泡不亮。当光线比较弱时,光敏电阻的阻值变大,VTL2因无光照射而处于截止状态,555定时器的复位端4为高电平,整个光控电路开始进入工作状态。

当有人进入光控区后,VTL1处于截止状态,555定时器的2脚变为低电平,555定时器的3脚输出高电平,使VT受触发而导通,照明灯EL被点亮。

当人离开光控区时,光线照射使VTL1处于饱和状态,555定时器的2脚变为高电平,电源经过RP对电容C_1充电,当充电结束时,555定时器的7脚变为高电平,电路发生翻转,555定时器暂稳态结束后,其3脚恢复低电平,使VT截止,照明灯EL熄灭。

8.3.2 元器件选择

1) 电源模块选择

电源模块由保护电容C_4、限流电阻R_5和R_6、整流二极管VD及滤波电容C_3组成。

VD主要对220V交流电压进行整流。

C_3大小选择$0.33\mu/220V$,对220V交流电压整流,进行通交流阻直流作用,滤除直流成分。

R_5选择阻值比较大的100K,为了防止大电流通过损坏元器件,使电路不能正常工作。

C_4大小选择$0.1\mu/100V$,它的作用是保护前面的二极管VD。同时与电阻R_5并联组成RC谐振电路。

R_6阻值选择10K,主要作用是对整个电路起保护作用。

2) 灯光开关控制模块选择

灯光开关控制电路模块主要由双向晶闸管VT和照明灯EL组成。

VT选用的是MAC97A6小型塑封双向晶闸管,其内部相当于由3个PN结组成,每个PN结都具有单向导电性,在电路中相当于一个自动开关,主要连接电源的部分、芯片555定时器的第3脚、灯泡电路。

EL是一个简单的照明灯,它的亮灭由双向晶闸管决定。

3) 光耦合模块选择

光耦合电路主要由限流电阻R_1和R_2、光敏二极管VTL1以及红外发射二极管VT组成。R_1和R_2选择的阻值分别为10K与2.2K。

VL选用的是型号为HG501,起到开关作用,工作在导通与截止两种状态。

4) 延时触发模块选择

延时触发器模块的延时控制功能主要通555定时器构成的可重复触发单稳态电路来实现。555定时器一共有8个引脚,如图8-18所示,引脚1为接地端,引脚8为电源端,引脚2为触发电平端,引脚3为输出端,引脚4为复位端,引脚5为控制电平端,引脚6为阈值输入端,引脚7为放电端。

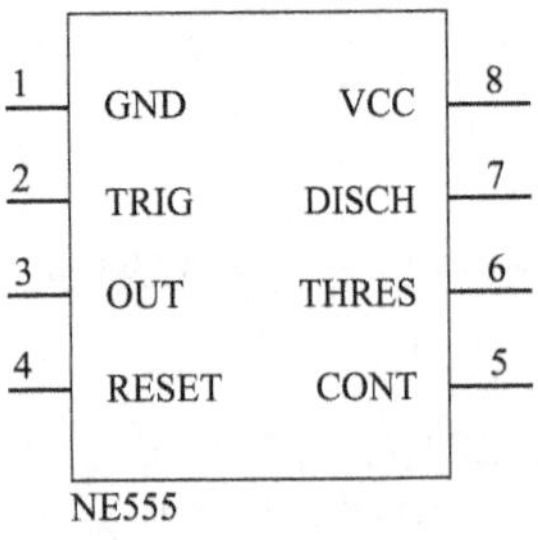

延时控制电路包括两部分:第一部分是由三极管构成的触发信号产生电路;第二部分是由555定时器构成的可重复触发的单稳态电路。

图8-18 555定时器引脚图

5) 锁定电路模块选择

锁定电路模块主要由限流电阻R_3、保护光敏二极管VTL2以及555定时器组成。R_3的阻值选择5.1K。VTL2它的集电极与555芯片4脚相连,只有当4脚输出高电平时光敏三极管才导通,所以可以将此电路看成是一个锁定电路。

8.3.3 制作与调试

1) 安装

元器件安装前要检查元器件是否完好,对不同元器件进行分类摆放,方便安装时查找。

元器件之间、元器件与电路板之间的固定方式主要有焊接、插接等。元器件安装方式有卧式和立式两种。卧式安装美观、牢固、散热条件好。

2) 焊接元器件

3) 调试

先检查光控电路,看电路是否全部复位;然后接通电源,将程序导入软件,调节电位器观察灯亮暗情况。

8.4 热释电红外探头报警器

随着科学技术与生活水平的不断提高,人们对自身所处环境以及财产的安全性要求越来越高,被动式热释电红外探测报警器因其制造简单、价格低廉、抗干扰能力强、灵敏度高、安装隐蔽、技术性能稳定,受到广大用户和各大公司的青睐。

被动式热释电红外探测报警器是利用热释电红外传感器探测人体发射的 $10\mu m$ 左右特定波长的红外线而释放报警信号的报警装置。热释电红外传感器是 20 世纪 80 年代发展起来的一种新型高灵敏度探测元件,它是一种可以将人体红外能量的变化转换成电信号变化的转换器件。

8.4.1 工作原理

热释电红外传感器是基于热释电效应制成的,即当交互变化的红外线照射到晶体表面时,晶体温度迅速变化,在其表面产生符号相反的电荷,从而形成一个明显的外电场,这种现象称为热释电效应。

被动式热释电红外探测报警系统主要由菲涅耳光学系统、热释电红外传感器、信号滤波和放大电路、信号处理和报警电路等几部分组成,如图 8-19 所示。当人体辐射的红外线通过菲涅耳透镜后,上传到红外探测器上,经其感应转化后输出脉冲信号,再经过放大滤波电路处理后,由电压比较器将其与基准值进行比较,当输出信号达到一定值时,报警电路发出警报。

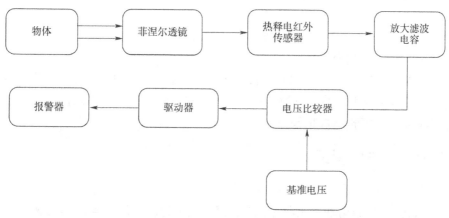

图 8-19 热释电红外探测报警系统组成原理框图

8.4.2 元器件选择

1) 菲涅尔透镜的选择

对于菲涅尔透镜,一般选择由聚乙烯塑料片制成,它虽呈半透明状,但对波长为 10μm 左右的红外线来说却是透明的。菲涅耳透镜的焦点一般为 5cm 左右,应用时一般把菲涅耳透镜固定在传感器正前方 1~5cm 的地方。

2) 热释电红外传感器的选择

一般我们采用 P288 型号的热释电红外传感器作为敏感元件,电压工作范围为 3~15V,工作波长 7.5~14μm,工作温度范围 -10~40℃,该传感器内部装有菲涅耳透镜,检测区域为球形,有效警戒距离为 12~15m,方向角为 85°。

3) 信号放大、处理器的选择

红外传感信号处理器选择 BISS0001,它是一款集运算放大器、电压比较器、状态控制器、延迟时间定时器、封锁时间定时器以及参考电压源等器件的一体化集成电路,信号处理器的原理图如图 8-20 所示。

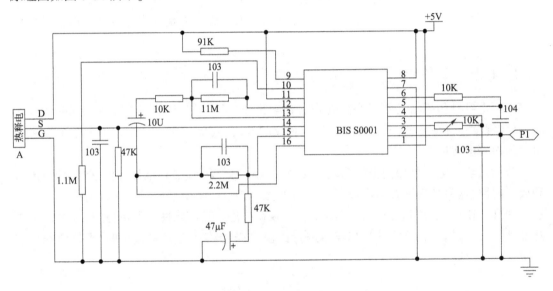

图 8-20 信号处理电路原理图

4) 报警驱动装置的选择

选择 STC89C52 单片机,红外热释电模块送出的电平经单片机处理运算后驱动执行报警电路使警号发声。在单片机内,经软件查询、识别判决等环节实时发出入侵报警状态控制信号。驱动蜂鸣器及报警指示灯报警。

8.4.3 制作与调试

1) 制作

根据原理图,进行布局基本元器件(如二极管、三极管、电阻、电容等)及红外传感信号处理器 BISS0001 和蜂鸣器等,经过焊接就可以制作好热释电红外报警器。

2)调试

(1)直流工作电压必须符合要求的数值(+5VDC),电源必须经过良好的稳压滤波。

(2)调试时不能用手直接去触摸电路模块,且人体应该尽量远离感应区域,否则会影响模块的输出,造成报警器一直在叫。感应区尽量避免正对着发热电器和物体。

(3)调试工作环境应该避免有强大的射频干扰,若有干扰可以采用屏蔽措施。若遇有强烈气流干扰,关闭门窗或阻止对流。

本章小结

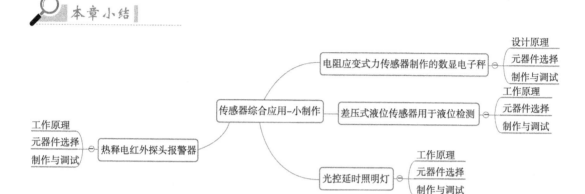

附录 A 常用传感器中英文对照表

常用传感器中英文对照表 附表 A

中文	英文
传感器	Sensor/Transducer
力传感器	Force Sensor
压力传感器	Pressure Sensor
电阻应变式传感器	Resistance Strain Transducer
压电式传感器	Piezoelectric Firm Sensor
电容式传感器	Electric Capacitance Transducer
电感式传感器	Inductive Sensor
压阻传感器	Piezoresitive Sensor
温度传感器	Temperature Sensor
电阻传感器	Resistance Sensor
热敏电阻温度传感器	Thermistor Temperature Transducer
热电偶温度传感器	Thermocouple Temperature Sensor
集成温度传感器	Integrated Temperature Sensor
辐射温度传感器	Radiant Temperature Sensor
位移传感器	Displacement Sensor
物位传感器	Level Sensor
光栅传感器	Fiber Grating Sensors
光电式传感器	Photoelectrical Sensor
红外式传感器	Infrared Sensor
磁电感应式传感器	Magnetoelectric Induction Sensor
霍尔式传感器	Hall Sensor
湿度传感器	Humidity Transducer
气敏传感器	Gas Sensor

附录 B 部分常用传感器的性能及选择

部分常用传感器的性能及选择   附表 B

传感器类型	典型示值范围	特点及对环境的要求	应用场合与领域
金属热电阻	-200~960℃	精度高,不需冷端补偿;对测量桥路及电源稳定性要求较高	测温、温度控制
热敏电阻	-50~150℃	灵敏度高,体积小,价廉;线性差,一致性差,测温范围较小	测温、温度控制及与温度有关的非电量测量
热电偶	-200~1800℃	属自发电型传感器,精度高,测量电路较简单;冷端温度补偿电路较复杂	测温、温度控制
PN结集成温度传感器	-50~150℃	体积小,集成度高,精度高,线性好,输出信号大,测量电路简单;测温范围较小	测温、温度控制
热成像	距离1000m以内、波长3~16μm的红外辐射	可在常温下依靠目标自身发射的红外辐射工作,能得到目标的热像;分辨率较低	探测发热体、分析热像上的各点温度
电位器	500mm以下或360°以下	结构简单,输出信号大,测量电路简单;易磨损,摩擦力大,需要较大的驱动力或力矩,动态响应差,置于无腐蚀性气体的环境中	直线和角位移及张力测量
应变片	200μm/m以下	体积小,价廉,精度高,频率特性较好;输出信号小,测量电路复杂,易损坏,需定时校验	力、应力、应变、扭矩、质量、振动、加速度及压力测量
自感、互感	100mm以下	分辨力高,输出电压较高;体积大,动态响应较差,需要较大的激励功率,分辨力与线性区有关,易受环境振动影响,需考虑温度补偿	小位移、液体及气体的压力测量及工件尺寸的测量

参 考 文 献

［1］张玉莲,等.传感器与自动检测技术［M］.北京:机械工业出版社,2015.
［2］宋雪臣,等.传感器与检测技术［M］.北京:人民邮电出版社,2015.
［3］梁森,黄杭美.自动检测与转换技术［M］.北京:机械工业出版社,2013.
［4］贾海瀛.传感器技术与应用［M］.北京:高等教育出版社,2017.
［5］李永霞.传感器检测技术与仪表［M］.北京:中国铁道出版社,2020.
［6］徐宏伟,等.常用传感器技术及应用［M］.北京:电子工业出版社,2018.
［7］王铁流,张黎,李瞳.LabVIEW 在红外轴温探测器自动测试中的应用［J］.测控技术,2006(25).
［8］庄庄.磺化聚醚醚酮类湿敏材料的设计及其湿度传感器的性能研究［D］.长春:吉林大学,2020.
［9］李宁.基于石墨烯衍生物及类石墨烯的新型湿度传感器研究［D］.成都:西南交通大学,2017.
［10］李玉林.电容式湿度传感器技术及相关专利分析［J］.自动化应用,2017(4).
［11］尤政.智能传感器技术的研究进展及应用展望［J］.科技导报,2016,34(17):72-78.
［12］范开成.高分子纳米复合气湿敏材料和传感器研究［D］.杭州:浙江大学,2015.